职业教育 烹饪专业 教材

西餐烹调基础

主　编　范泽怀　韦昔奇　何丽均
副主编　武小军　苏　军　梁瑞君　邱　澄　李　波
参　编　高会学　宋云峰　谭成军　万　俊　王　悦
　　　　岳庞然　张　贵

重庆大学出版社

内容提要

本书主要根据西餐初学者的特点，以强化基本技能为出发点，在介绍西餐烹调基础知识的前提下，重点突出新时期厨师职业道德、西餐厨房操作安全以及基本功训练（西餐食品原料初加工、烹调过程中基础酱汁制作）和代表菜肴制作，让初学者很快了解西餐岗位的特点。本书的最大特点是实用性和可操作性强，在详细介绍菜肴制作步骤的同时，配以详细的实操图片，让学习者较快地掌握菜肴制作方法。

本书可作为中等职业教育烹饪专业的教学用书，也可作为西餐烹调从业人员的培训教材和西餐美食爱好者自学参考用书。

图书在版编目（CIP）数据

西餐烹调基础 / 范泽怀, 韦昔奇, 何丽均主编. --
重庆：重庆大学出版社，2021.7（2023.8重印）
职业教育烹饪专业教材
ISBN 978-7-5689-2824-3

Ⅰ.①西… Ⅱ.①范… ②韦… ③何… Ⅲ.①西式菜
肴—烹饪—职业教育—教材 Ⅳ.①TS972.118

中国版本图书馆CIP数据核字（2021）第123845号

职业教育烹饪专业教材
西餐烹调基础

主　编　范泽怀　韦昔奇　何丽均
副主编　武小军　苏　军　梁瑞君
　　　　邱　澄　李　波
策划编辑：史　骥
特约编辑：王洪鸣

责任编辑：姜　凤　　版式设计：史　骥
责任校对：王　倩　　责任印制：张　策

＊

重庆大学出版社出版发行
出版人：陈晓阳
社址：重庆市沙坪坝区大学城西路21号
邮编：401331
电话：（023）88617190　88617185（中小学）
传真：（023）88617186　88617166
网址：http://www.cqup.com.cn
邮箱：fxk@cqup.com.cn（营销中心）
全国新华书店经销
重庆长虹印务有限公司印刷

＊

开本：787mm×1092mm　1/16　印张：10.25　字数：278千
2021年7月第1版　　2023年8月第2次印刷
印数：3 001—5 000
ISBN 978-7-5689-2824-3　定价：49.00元

Preface 前 言

　　西餐是世界三大菜系之一，可见西餐在世界烹饪中处于核心和主导地位，是世界菜系的重要组成部分，也是世界烹饪艺术中的一颗璀璨明珠。全社会开放的国际化文化氛围为西餐业发展注入推动力，西餐将被越来越多的人认可和接受。

　　为适应不断变化和发展的餐饮行业对专业技术的掌握以及满足中等职业教育西餐烹饪专业教学需求，由四川省商务学校牵头，联合川渝两地多所中职学校和技工类院校与重庆大学出版社组织编写了本书。读者通过对本书的学习，能够系统地掌握西餐的基本理论知识和操作技能。本书详细地介绍了西餐厨师的职业道德、岗位要求、西餐烹调前的准备等知识，同时结合当前大型餐饮企业、星级饭店、咖啡厅的西餐厨房岗位需求，进行不断地完善。

　　本书在编写过程中根据本职业的工作特点，结合中等职业学校西餐烹饪专业学生的实际情况，以强化基础能力为出发点，采用项目化教学的编写方式。全书分为七大项目，包括西餐烹调基础知识、西餐食品原料初加工、西餐冷菜、西餐汤类、西餐热菜、西式早餐制作和西式快餐制作。本书建议教学课时为72课时，内容分配如下：

序号	内容	课时
1	项目1　西餐烹调基础知识	8
2	项目2　西餐食品原料初加工	8
3	项目3　西餐冷菜	16
4	项目4　西餐汤类	8
5	项目5　西餐热菜	20
6	项目6　西式早餐制作	4
7	项目7　西式快餐制作	8
合　计		72

　　本书由四川省商务学校西餐雕刻教研组长、川菜烹饪名师范泽怀，成都农业科技职业学院休闲旅游学院烹饪教研室主任、注册中国烹饪大师韦昔奇，成都市礼仪职业中学旅游专业负责人何丽均担任主编，由武小军、苏军、梁瑞君、邱澄、李波担任副主编，高会学、宋云峰、谭成军、万俊、王悦、岳庞然、张贵参与编写。其中，范泽怀、何丽均负责编写项目1、项目3、项目5和项目6，武小军、韦昔奇、苏军负责编写项目2、项目4和项目5，梁瑞君负责编写项目2和项目7，高会学、宋云峰、谭成军、万俊、王悦、岳庞然、张贵参与编写了部分任务。

　　本书在编写过程中参考了大量著述和文献，同时得到了相关学校和重庆大学出版社的大力支持，在此一并致以衷心感谢。

　　鉴于编者水平有限，书中难免存在不妥与错误之处，恳请各位专家、读者批评指正，以便修订，使之日臻完善。

编　者
2020年11月

Contents 目 录

项目 1

西餐烹调
基础知识

>>>

[学习重点]

①西餐的发展。
②西方各国菜式。
③西餐厨师的职业标准。
④西餐基本原料知识。
⑤西餐厨房安全与卫生知识。

[教学目的]

学习、掌握与西餐烹调相关的基础知识，为进一步深入学习西餐知识打下坚实基础。

 任务1 西餐概述

1.1.1 西餐的概念

西餐是我国和其他东方国家人民对欧美各国菜肴的统称。狭义上讲，西餐是西方餐饮（包括法国、意大利、德国、英国、俄罗斯、美国、西班牙等欧美国家的菜肴）的统称。广义上讲，是除中餐以外的所有菜肴。

西方人把中国的菜叫作中国菜（Chinese Food），把日本菜叫作日本料理，把韩国菜叫作韩国料理。西方人不会笼统地将所有东方菜肴称为东方菜，而是依其国名具体命名。实际上，西方各国的餐饮文化都有各自的特点，各国的菜式也不尽相同，例如，法国人会认为他们做的是法国菜，英国人则认为他们做的是英国菜。西方人自己并没有明确的"西餐概念"，西餐是中国人和其他东方人的概念。

1.1.2 西餐的历史与发展

西餐的历史大致经历了以下几个发展阶段，见表1.1。

表1.1 西餐的发展阶段

第一阶段（古代西餐）	古埃及——西餐烹饪的起源	①铭文记载了当时的物产； ②烹调用具以及食谱的记载
	古希腊——西餐的文明古国	①希腊是欧洲菜式的始祖； ②荷马时代的传说； ③希腊大殖民时期的餐饮传播； ④世界最早的烹饪古籍诞生于希腊
	古罗马——西餐烹饪的先驱	①重视调味，擅长制作面食； ②罗马帝国建立厨师学校； ③"欧洲大陆烹饪始祖"
第二阶段（中世纪西餐）	中世纪的西餐发展	①法国诺曼人侵占英国，对英国饮食文化产生极大影响； ②欧洲文艺复兴时期，餐饮文化与其他文化一样以意大利为中心发展起来； ③意大利烹饪文化传到法国； ④厨师们悉心研究烹饪技术，使烹调技术在法国得到广泛传播
第三阶段（近代西餐）	近代西餐烹饪	①1765年，法国巴黎开设了第一家真正的法国餐厅； ②18世纪后，法国出现大量烹调大师以及美食家，推动了烹饪文化的艺术性； ③快餐业率先在美国兴起，遍及全球

西餐传入我国可追溯到13世纪，早在汉代，波斯王国和西亚各地的灿烂文化便通过"丝绸之路"传到中国，其中就包括膳食。1840年鸦片战争以后，更多西方人来到中国，将西餐菜肴的制作方法带到中国。清朝后期，西方人在我国天津、北京和上海开设饭店并经营西餐。到20世纪20年代，西餐在我国一些沿海城市有了较大发展。改革开放前，我国的国际交往以苏联和东欧国家为主；改革开放后，我国对外交往扩大，西餐市场规模日益壮大，且越来越多样化和国际化，从而满足了消费者的需求。

1.1.3 西餐的菜式介绍

[知识导入]

各国由于气候、物产、习俗不同，形成了不同菜系和风味。经过漫长的历史发展，以法国菜肴为主线的西方餐饮体系逐渐形成，包括意大利、英国、俄罗斯、美国、希腊、德国、西班牙、荷兰、瑞典、丹麦、匈牙利、葡萄牙、澳大利亚、波兰、加拿大等国家的西餐和以土耳其菜肴为核心的中东餐饮，并涵盖了伊朗、伊拉克、巴勒斯坦等具有阿拉伯风味的美食。目前在中国的西餐餐馆和酒店中，法国菜、意大利菜、俄罗斯菜、英国菜、美洲（美国、墨西哥、秘鲁、古巴、阿根廷）菜、德国菜、澳大利亚菜、西班牙菜、新西兰菜等比较

流行。

1）法国菜

法国是西方饮食文化的代表，是世界上公认的著名风味流派之一。法国菜被称为"欧洲烹饪之冠"。

（1）法国菜的特点

①选料广泛。突出特点是选料广、精、鲜，常选用名贵原料，如蜗牛、青蛙、鹅肝、椰树心、黑蘑菇等，还选用斑鸠、野兔、野鸭、鹿等。

②用料新鲜。法国菜讲究生吃。所以选料严格，一定要取用鲜活的原料。

③用酒讲究且量大，善用香料。法国菜清淡可口，色偏重原色、素色，配菜装饰格调高雅。调味上讲究两大要素：一是用酒，这与法国产酒有关，不同菜点调用不同酒，规定严格；二是善用香料，如迷迭香、欧芹、大蒜头、百里香、茴香等。酒和香料，使法国菜香味浓郁，食之醇厚宜人。

④烹调精细。素以技术精湛著称于世。

⑤烹调方法多样，口味多样。烹调方法多样是法国菜的一大特点，它基本涵盖了西餐近20种的烹调方法。

（2）常用烹调方法

煎、炒、烤、煮、焖、炸、炖、烩、扒、冻等。菜点大都以地名、物名、人名来命名，给食客留下深刻印象。

（3）常见名菜

洋葱汤、法式蜗牛、鹅肝酱、芝士焗扇贝、牡蛎杯、红酒烩鸡、西冷牛排、马塞鱼羹、橙味鸭胸、烤法式小羊排等。

2）意大利菜

意大利是欧洲古国，其菜肴对整个欧洲有很大影响，被誉为"欧洲大陆始祖"。

（1）意大利菜的特点

①面食举世闻名。意大利传统菜式甚多，尤其是各种面条品种繁多，其中通心粉闻名于世。意大利南部地区更喜欢用面粉做菜，如意大利肉馅卷、意大利面、意大利发面比萨。

②口味浓香，原汁原味，质地软烂。菜肴用番茄酱作调料较多，烹调上以炸、炒、煎、红烩、红焖等方法著称。意大利人很喜欢油炸、熏的菜，烧烤的菜不多。

③注重烹制传统菜肴。

④注重火候。意大利菜注重火候，不同菜肴火候要求各异，这点与我国烹饪风格相似。

（2）常用烹调方法

炒、煎、炸、红焖、红烩等。

（3）常见名菜

开胃小菜、青豆蓉汤、意大利式比萨、通心粉肉酱、肉酱意粉、意大利菜汤、奶酪焗通心粉、蘑菇焗鳟鱼、意大利馄饨、比萨饼等。

3）俄罗斯菜

俄罗斯菜吸收了欧洲其他国家的菜肴，尤其是法国菜的长处，并根据本国的生活习惯逐渐形成了独具特色的菜式。其主要特点是油大、味重、制作较简单。常用原料有红鱼子、黑鱼子、洋葱、柠檬、酸黄瓜、酸菜等。点心类油炸的居多，俄罗斯人还喜欢吃用鱼肉、碎肉末、鸡蛋和蔬菜制成的荤素包子。

（1）俄罗斯菜的特点

①讲究制作汤。俄罗斯汤的特点是腻而且浓郁，营养价值高，比较著名的有罗宋汤、俄罗斯红菜汤、俄罗斯黄瓜汤。

②小吃有名。俄式小吃品种繁多，较为著名的有俄罗斯鱼子酱、酸奶等。

③调味独特，口味浓重。口味上，俄罗斯人喜吃酸、辣、甜、咸的菜，特别爱吃烟熏的咸鲟鱼、鲑鱼和腌制过的咸鲱鱼。

④菜肴用油量大。由于俄罗斯大部分地区地处气候比较寒冷的北半球，为了抵御寒冷，人们在烹调过程中普遍用油量较大。

（2）常用烹调方法

炸、烙、煮、烤、烧、烩、煎等。

（3）常见名菜

莫斯科红菜汤、黄油鸡卷、鱼子酱、罗宋汤、冷鲑鱼、酸黄瓜、红烩牛肉、串烤羊肉、莫斯科式烤鱼等。

4）英国菜

英国的烹饪技术不能和西方烹饪大国相比，但仍有可以借鉴、学习的地方。17世纪以来，英国坚持的原则是简单而有效地使用优质材料，保持原料原有的质地和滋味。因此在烹饪中，大多单独烹制原料，力求充分展示原料的原本滋味。人们习惯在原料选择上强调家生、家养和家庭制作，这充分体现了英国菜的"家乡风味"或"家庭特色"。

（1）英国菜的特点

①早餐丰盛。英国人早餐十分讲究，有"丰盛的早餐"之称，一般有熏咸肉、烩水果、麦片、咖啡、鸡蛋、橘皮果酱、面包等。

②酷爱喝茶。英国人早晨起床前，习惯喝杯浓茶（俗称被窝菜）。

③选料单一，烹饪简单。英式饮食较简单，英国人有时只吃三明治，或者吃一菜、一汤、点心和咖啡。下午3点左右，他们习惯吃一些茶点，如蛋糕、咖啡、红茶、三明治等。晚餐则是英国人每日的主餐，主要有烧鸡、烤羊腿、牛排，他们也喜食口味较甜的点心和各式布丁。

④调味简单，口味清淡。口味清淡，油少不腻，原料选用各种新鲜蔬菜，调料中少用酒和香料，烹调方法也较简单，一般以清煮、蒸、烩、炸、铁扒为主，桌上放上各种调味品，由客人随意选用。

（2）常用烹调方法

烩、烧、烤、煎、炸、清煮、蒸、铁扒等。

（3）常见名菜

煎牛扒、烟熏三文鱼、烤牛肉、布丁、蘑菇奶油鸡片、烤火鸡、栗子酿馅、牛尾浓汤、焗奶酪盖、烤羊马鞍、苏格兰羊肉麦片粥、土豆烩牛肉、烧鹅等。

5）美国菜

美国菜是在英国菜的基础上发展起来的，继承了英国菜简单、清淡的特点，口味咸中带甜。

（1）美国菜的特点

①菜肴风味多种多样。

②习惯用水果。

③重大节日必须吃火鸡。

④注重营养，合理搭配。

（2）常用烹调方法

拌、炸、煎、烤、烧烤、铁扒等。

（3）常见名菜

圣诞烤火鸡、芝士腌肉汉堡、风味辣鸡翅、焗土豆汤、炸玉米饼、得州烧烤等。

6）德国菜

由于环境、地形和气候不同，德国各地的农牧产品特色不同，逐渐形成了各具特色的地方菜。德国菜口味以酸、咸为主，调味较为浓重；材料上偏好猪肉、牛肉、肝脏类、香料、鱼类、家禽及蔬菜等；调味品使用大量芥末、白酒、牛油等；而在烹调上较常使用煮、炖或烩的方式。

（1）德国菜的特点

①肉制品丰富。

②喜食生鲜。

③啤酒入馔。

④口味以酸、咸为主。

（2）常用烹调方法

煮、炸、烩、焖、煎等。

（3）常见名菜

巴伐利亚炭烤猪脚、德式咸猪手、德国香肠、德式土豆沙拉、德国面包、黑森林蛋糕等。

7）其他国家菜肴

①西班牙菜吸收了国内外众多精华，形成了多元化的烹饪特色，在西餐中的位置逐渐突出。常见菜肴有炸鱿鱼圈、西班牙番茄冻汤、西班牙海鲜烩饭、海鲜汤、鱿鱼墨鱼汁饭等。

②匈牙利菜在西餐中风味独特，常以红辣椒为调味品，菜肴味道浓厚，富有乡土味，如著名的匈牙利烩牛肉。

③希腊菜以清淡、典雅和原汁原味著称，常以橄榄油、柠檬汁作为调味品。

④其他国家如芬兰、瑞典、丹麦等国地处寒带，气候寒冷，饮食风格喜油大、味重，习惯用辣椒、柠檬、酸牛奶、酸黄瓜调味。

1.1.4 西餐厨房的组织结构

1）西餐厨房介绍

西餐厨房的类型主要由餐厅的营业方式决定，即由餐厅菜单上确定的供应范围和提供的服务形式与方法决定。餐厅根据其供应范围和营业方式一般可分为零点式餐厅和公司式或团体式餐厅两种。一些大饭店往往有多个不同类型的餐厅。为了适应不同类型餐厅的需要，饭店一般都设有一个主厨房或宴会厅厨房及数个小型厨房，它们之间既分工明确，又彼此联系，构成了饭店的厨房体系。西餐基础厨房的设计必须遵循以下几个原则。

（1）设备配备合理

应合理搭配设备类型，保证功能的需要，在安全可行的前提下，可以考虑降低成本。

（2）工作流程顺畅

厨房工作效率的高低取决于设备布局是否合理、工作流程是否顺畅。要达到工作流程顺畅，就必须充分认识、分析工作流程中运作、设备、环境、员工的情况，减少工作环节、缩短运输距离、简化工作流程。

（3）遵守法律法规、规范标准

所有国家和地方对餐饮业都有建筑设计、卫生防疫、消防和环保的法律法规。这些规章对厨房都有详细明确的要求，在新建、扩建、改建的过程中企业必须遵照相关法律法规开展设计工作。

（4）系统统筹的规划设计

必须把厨房及辅助系统作为整体进行配套设计，加大设计深度。在施工中要进行整体协调，安排施工程序。一定要将厨房的规划设计和厨房的经营管理看成一个整体，在工程上统一考虑运作。要把餐饮业规划的厨房技术、设备、系统、施工、协调、经营等作为整体进行统筹考虑。

（5）功能匹配科学合理

厨房的大小、设备的多少以及其他设施的规格档次都要与经营配套，以保证供餐和经营的需要。厨房设计应尽量保证有比较完整的功能。

（6）人性化设计原则

由于厨房内存在大量人员，规划设计中要充分考虑员工劳动的需要。根据员工工作的流程、流水作业的顺序布置设备，实施人性化设计，以提高工作效率，保证员工的安全。

2）西餐传统厨房人员组织结构

①大型厨房配置（Large Kitchen）（15人以上）。包括行政总厨、副厨师长、厨师主管、厨工、帮厨。

②中型厨房配置（Medium Kitchen）（7~14人）。包括行政总厨、档口厨师长、厨工、学徒。

③小型厨房配置（Small Kitchen）（6人）。包括主厨、档口厨师长、厨工、学徒。

传统西餐厨房工作职责如下：

①行政总厨：负责整个厨房运营（菜单制订、食品采购、成本核算、排班等）。

②副厨师长：协助总厨管理厨房及员工。

③厨师主管：直接负责食品制作。

④厨工：协助各区域主厨工作。

⑤学徒：在厨房培训的初学者。

3）西餐现代厨房人员组织结构

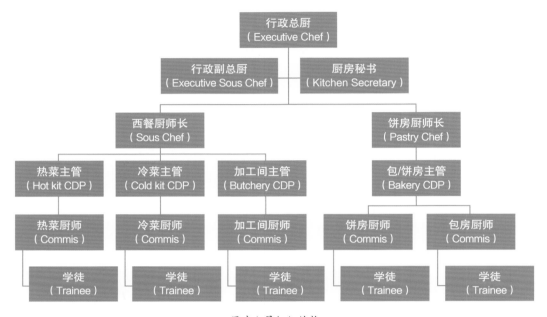

厨房人员组织结构

大型的酒店厨务部还设置厨房秘书、食品卫生部门、管事部等专门组织结构。

4）现代西餐厨房工作职责

（1）行政总厨

①准备各项预测、计划和部门生产报告。参与准备厨房部年度预算，并设定部门目标。对所有在餐饮运营中制备和销售的菜品进行精确的成本核算、记录并及时更新。

②处理厨房日常事务，计划并分配工作，为每个员工设定绩效及个人发展目标。为员工提供教导、辅导并给予定期反馈，帮助解决各种员工矛盾，提升员工业绩。根据公司规定和政策，对员工工资、工作规程或其他人力资源相关事务提出建议或初拟方案。

③确保所有菜品制作和出品均符合配方要求和相应标准。为所有餐饮分部门及餐饮宴会活动设计菜单和主题。监督本地竞争对手动向和行业趋势。

④维护相关流程，确保食物与酒水产品、库存与设备的安全及恰当储存。及时订购、补充物资，避免浪费，防止偷盗。确保所有餐饮设施和储藏室运行情况良好、定期清洁。

⑤遵守政府法规、品牌标准及酒店或公司的政策与操作流程。

⑥需要对酒店的安全负责，确保将偷窃、犯罪和其他风险降至最低。完成分配的其他任务，可能需要担任值班经理。

（2）行政副总厨

①监督和管理厨房运作，保证餐前准备正常。监督厨房各分部门的运作，尤其在高峰时，需要对部门的工作做调整，以提高工作效率。

②充分介绍、落实及保持各项标准。保证所有厨房员工以积极、灵活、主动的方式与其他

部门的员工协作。

③激励员工的创新意识，并对他们的创新和对部门的贡献给予肯定。确保每个员工知道市场上应季的和新兴的原材料。

④与行政总厨积极配合，积极执行行政总厨以及上级布置的工作，以主动、灵活的工作方式，为餐厅的客人提供最优质的服务。

⑤保证厨房的卫生状况，保养厨房中的仪器，将破损率降到最低，延长仪器的使用寿命。检查和监督食品生产的每个过程，在适当的时候提供反馈信息。

⑥在行政总厨请假时，替代其工作，确保厨房正常运营。根据上级要求完成其他工作。

（3）西餐厨师长

①领导并带领厨房团队保持和改进对客服务。

②控制库存及食品成本。

③完成每周排班表。

④参加或主持日常团队简会。

⑤菜单研发。

⑥负责部门员工的培训及发展。

⑦严格执行食品卫生安全管理等食品卫生规则。

⑧在行政副总厨请假时，替代其工作，确保厨房正常运营。

（4）热菜主管

①高效率地为客人和员工提供食物，做到物美价廉，要按照标准食谱制作菜肴且符合食品卫生。

②协助厨师长/副厨师长管理厨房使之正常运作，保证食品高质量。

③协调、组织和参与制作和厨房有关的所有产品，检查并依照零点菜单和每日菜单，制作季节特供菜单。

④制作高质量的食品并摆设在指定的餐厅。

⑤做好并保持工作区域和设备的清洁工作。

⑥确保供应足量的各式热菜。

（5）冷菜主管

①烹调制作各类菜品，根据卫生标准严格操作，安全生产，保证食品的质量。

②严格遵守每个工作流程，妥善保管各种原材料，合理用料，降低消耗成本。

③负责对专用工具、砧板、容器等消毒，同时也要保持冰柜等清洁卫生。

④检查每日餐后的原料消耗，及时申购、补充。

⑤配合食品检验部抽查菜品及留样品种并进行化验，确保宾客食品的绝对安全。

⑥准备、提供、保存冷冻食品，同时指导厨房部门下属的工作。

（6）加工间主管

①全面负责准备每天零点菜单、宴会菜单，检查原料是否新鲜。

②严格把好卫生质量关，确保加工间的安全，并按照本单位的政策和程序，确保高水平服务。

③负责对蔬菜、海鲜、肉类和干货质量的验收把关。

④负责本组的日常工作和员工考勤，合理安排人员工作，高效率完成工作，同时完成上级安排的其他工作。

（7）热菜厨师

①严格按照菜式规定烹制各类菜肴，保证食品质量。

②做好准备工作，保持所有用具清洁卫生。

③严格执行卫生工作制度，保证食品卫生质量。

（8）冷菜厨师

①烹调制作各类冷菜，根据卫生标准严格操作，安全生产，保证食品的质量。

②严格遵守每个工作流程，妥善保管各种冷荤原材料，合理用料，降低消耗成本。

③负责对专用工具、砧板、容器等消毒，同时也要保持冰柜、烤箱等清洁卫生并关闭相应电源。

④负责保管冷菜菜品，检查每日餐后的原料消耗，及时申购、补充。

⑤负责冷菜区域的清洁卫生及设备保养，每日对本岗位用到的菜墩、刀具及周围环境进行消毒，检查冷菜间所用设备的运转是否正常。

（9）加工间厨师

①根据工作标准为客人及员工准备和制作食品。当接到指示时立即进入工作状态。

②保证工作有效安全并发扬勤俭节约精神。

③熟知菜单及配料成分。

（10）饼房厨师长

①根据散客安排每日业务量，管理西点和面包的生产全过程。

②接收生日蛋糕及各种饼房订单。

③监督下属按质、按时、按量完成每日工作任务。

④率领员工认真钻研技术，不断提高、不断创新。

⑤安排员工班次，适时调休。

⑥管理饼房一切原料、用品和设备，填写采购及领货单，保证饼房原料供应。

⑦保养饼房一切设备，确保洗刷干净，放回固定的位置。

⑧监督饼房卫生状况，发现问题及时提醒管理部处理，杜绝老鼠、蟑螂等，定时、定期做大清洁。

⑨监督饼房厨师严格按规定程序操作。

（11）包/饼房主管

①按照下达任务单，组织包/饼房厨师制作各种面点产品。

②独立带领包/饼房员工完成早餐及下午茶的制作。

③注重质量，严格把控面点制作关。

④协助厨师长拟定点心成本及控制毛利率。

⑤提出面点新品种及推销方案并报厨师长审定。

⑥根据员工特点搞好技术指导和业务培训。

⑦完成厨师长安排的其他工作。

（12）包/饼房厨师

①计划、准备和设置所有产品，包括饼房和面包店的优质产品，但不限于根据部门质量标准对点心、甜品、面包、冰激凌、冰糕、奶油、单糖浆、果酱进行摆台装饰。

②保持工作区域和设施设备归放整齐、清洁和卫生安全。

1.1.5 西餐厨师职业道德和标准

[知识导入]

厨师是一个职业，每一个人都能做厨师，但不一定能做一个称职的厨师或成为名师、名厨。为什么？首先看他是否爱岗敬业，其次看他是否具有高尚厨德。而厨德就是职业道德修养，厨师不仅要会制作菜品，还要从道德品行上来严格要求自己。

1）职业道德的概念

广义的职业道德：从业人员在职业活动中应遵循的行为准则，涵盖了从业人员与服务对象、职业与职工、职业与职业之间的关系。

狭义的职业道德：在一定职业活动中应遵循的、体现一定职业特征的、调整一定职业关系的职业行为准则和规范。

不同职业人员在特定的职业活动中形成了特殊的职业关系，包括职业主体与职业服务对象之间的关系、职业团体之间的关系、同一职业团体内部人与人之间的关系以及职业劳动者、职业团体与国家之间的关系。

2）西餐厨师职业道德

简单地说，职业道德就是行业规范和个人的行为意识。

一名优秀的厨师，不但要通晓精深的理论知识、掌握精湛的厨艺，而且要具备高尚的厨艺道德，也就是说，要具备厨技、厨艺、文化素养及品行规范、自身素质。具备以上几点，你才是一个德艺双馨的厨师。在正式从事厨师这个行业之前应做到以下几方面。

①改变旧观念。

②崇尚职业道德。

③改变不良习惯。

④争做复合型厨师。

3）职业标准

培养一名合格的厨师需要一定时间，因此，在职业学校期间，学习十分重要。除了在校学习的职业技术外，对职业厨师来说，态度比技术更为重要，因为具有了良好的态度才可能对厨师行业有坚定的恒心和顽强的意志力。要想成为一名合格的职业厨师需要记住以下标准。

（1）对于自身的要求

①良好的职业道德素养。厨师除了具备丰富的经验技巧之外，更主要的是要具备良好的职业道德素养，遵守国家制定的法律和各项规章制度。对待师长，要谦虚、好学、团结；对待顾客，要真诚、用心。热爱自己的职业，严格遵守食品安全卫生标准。

②充沛的体力。从事餐饮业要求有耐力和毅力，身体健康、勤奋工作。因为餐饮服务是一项艰苦的工作，工作内容单调乏味，工作压力极大，工作时间长，劳动强度大。这就需要厨师多锻炼身体，具备充沛的体力。

③扎实的基本功。实践与创新是当今时代的要求。出色的厨师都敢于打破条条框框的束缚，创造出前所未有的菜肴。创新的道路是无界的。然而，"厨艺界的革命家"也严格遵守着埃斯科菲耶传承下来的那些最基本的技巧和制作方法。要创新必须先知道从何处开始着手。对于初学者来说，学会基本的技巧会帮助你更好地实践。当观摩一位有经验的厨师操作时，你才会将看到的一切更好地消化理解，才能懂得该问什么样的问题，正如要奏出美妙的乐曲首先要

从学习每一个音阶开始一样。同时，具备扎实的基本功也能够高效率地完成工作，保证西餐厨房正常运营。

④全面的知识技巧。首先，在厨房里工作的西餐厨师，需要接触众多国外厨师，因此掌握一门外语知识非常重要，这对日常交流、菜单的学习与制作等很有帮助。其次，厨房里原料众多，对原料的产地、品质鉴定、营养价值、正确处理等知识充分掌握，才能在工作中合理加工处理，因而全面的专业知识对于西餐厨师来说是必需的。同时一个优秀的厨师必须掌握成本核算及其他经济手段，必须懂得如何与供应商打交道及如何进行人员管理。

⑤勤奋好学的精神。烹饪领域总有学不完的知识，随着餐饮业不断变化，在西餐厨房里随时都能接触到新的东西，世界上最著名的大厨们都承认自己还要继续学习，不断努力、实践、探索和求知。

⑥丰富的经验。丰富的经验不是与生俱来的，一名厨师应该善于总结工作中的经验，尽快使自己成为具有丰富工作经验的厨师。这就需要自己做一个有心人，随时将工作中发生的、看到的事加以总结，形成自己的工作经验。

（2）对于工作

①积极进取的工作态度。人们常说"干一行爱一行"，一名合格的职业厨师，随时可能面对突发状况，需要快速地做出反应。紧张的气氛和高强度的工作环境容易使人产生厌烦的情绪，这就需要拥有良好的心理素质，及时排除负面情绪，变压力为动力，把每一次挫折与失败看成一次良好的学习机会，保持积极乐观的工作态度，工作起来效率也会提高且动作干净、利落、安全。

②良好的团队协作能力。蚂蚁搬家的故事告诉我们：做什么事情都需要团结一心，这样，再大的困难也会被克服。餐饮厨房是一个强大的整体，一场完美的宴会需要每个部门厨师通力配合、团结协作，这样才能提高工作效率，制作高质量的菜品。

③精益求精的质量意识。目前极为流行一种叫作"美食"的食品，但所有所谓的"美食"价格相对昂贵。食品的好坏取决于制作质量的差别。要想做出质量上乘的食品，头脑中必须先有这个意识，仅知道怎么做是远远不够的。

[思考练习]

1.名词解释

（1）西餐

（2）职业道德

2.思考题

（1）西餐烹调与中餐烹调相比有什么不同？

（2）如何做一名合格的西餐厨师？

（3）西餐对我国的餐饮业造成了哪些影响，作为烹饪学生，请谈谈今后努力的方向。

任务2 西餐烹调常用原料知识

1.2.1 西餐常用植物原料

洋葱（Onion）又称球葱、圆葱、西洋梨等。洋葱鳞茎大，呈球形、扁球形或椭球形，外皮呈白色、黄色或紫色。黄皮洋葱外皮呈金黄色，肉质细嫩，肉色微黄，味甜略带辣味；紫皮洋葱外皮呈紫红色或粉红色，鳞茎较大，鳞片肥厚，肉色微红，但肉质略粗，辣味浓；白皮洋葱外皮呈白色或略带绿色，鳞茎较小，肉质白。在西餐制作中，洋葱是非常重要的一种蔬菜，除作为沙拉料、炸洋葱圈、法式洋葱汤、三明治和汉堡的夹馅外，也是重要的调味蔬菜，广泛用于汤、菜肴、面点、沙司、肉制品的调味。

西芹（Celery）略有微香，叶翠绿，既可生吃，也可煮炖。在法国菜中，西芹常和整鸡一起烤或一起煮，用于制作烤鸡或基础汤。西芹可用来制作沙拉，也可做荤素炒食、做汤、做馅、做菜汁等。

胡萝卜（Carrot）又称红萝卜、黄萝卜、黄根等。其肉质根为圆锥形或圆柱形，呈紫色、红色、橙黄色或黄色，质细、脆嫩、多汁、味甜，有特殊芳香气味。除肉质根外，其嫩叶可作为绿色蔬菜食用。胡萝卜可生食或用多种方式加工，可腌制或加工成蜜饯、果酱、菜泥和饮料等。在西餐制作中，胡萝卜是西餐中最重要的调味蔬菜之一，可用于制作浓汤、沙拉、蛋糕、甜品等。

生菜（Lettuce）又称叶用莴苣、莴菜、千层剥。按叶片的色泽，生菜可分为绿生菜、紫生菜两种。不同品种的生菜，其叶形、叶色、叶缘、叶面的状况各异，但质地均脆嫩、清香，有的略带苦味。生菜是西餐烹饪中最为重要的叶菜之一，大多用于制作沙拉、作为菜肴的垫底或作为汉堡、三明治的夹馅，也可作为包卷料包裹牛排、猪排或猪油炒饭，丰富菜肴的色泽和口感。

土豆（Potato）又称洋芋、马铃薯、山药蛋、地蛋等。土豆茎皮呈红色、黄色、白色或紫色，肉为白色、黄色或紫色。食用时应挖去芽眼，削去变绿、变紫以及腐烂的部分，并加醋烹调，以防中毒。土豆在中西餐烹饪中的用途十分广泛，可作为主食制作小吃、提取淀粉等，在西餐中可用于制作炸薯条、土豆泥、烤土豆、土豆串烧、奶汁土豆、奶油土豆浓汤等。土豆皮甚至也可被利用，如美洲菜中使用炸土豆皮制作开胃菜。

番茄（Tomato）又称西红柿、红茄、洋柿子、爱情果等。其果皮呈红色、粉红色、黄色或白色等，果肉质地肥厚绵软，多汁，味甜酸。除生食外，番茄作为西餐烹饪中极其重要的蔬菜之一，广泛用于制作沙拉、汤、配菜等；可与畜禽肉、鱼肉等动物性原料或其他蔬菜一起烩、炒或煮，调制成多种番茄少司、加工番茄酱罐头等。

芦笋（Asparagus）又称龙须菜、露笋等，有绿、白、紫三色之分。三者之中，以紫芦笋的品质最佳。在西餐中，芦笋常焯烫、煎炒后作为配菜、沙拉料及菜肴的装饰，如奶油乳汁芦笋、芦笋浓汤、芦笋虾酱。

西蓝花（Broccoli）又称洋芥蓝、绿菜花、青花菜、意大利花椰菜、茎椰菜等，原产于意大利，主要食用部位为其花蕾和嫩茎。西蓝花品质柔嫩，纤维少、水分多，色泽鲜艳，味清香、脆甜，风味较花椰菜更鲜美。在西餐制作中，西蓝花常烫煮后作为沙拉料或配菜，也可制汤。

荷兰豆（Sweet Broad Pea）又称嫩豌豆，原产于英国。嫩豆荚宽扁而薄，呈青绿色，质地脆嫩，味鲜甜，纤维少，当豆粒成熟后果皮即纤维化，失去食用价值。种子长大充满豆荚后，豆荚仍脆嫩爽口。在中西餐烹饪中，嫩豆粒常用于烩、烧、拌、煮汤，也可制泥、炒食或作为配料。荷兰豆可生食，爽脆味甜，无豆腥味，为沙拉佳料，也可炒、煮，单独成菜或作为配料、配菜。

鲜蘑菇（Fresh Mushroom）又称洋蘑菇，品种较多，菌盖直径约为10 cm，表面干爽，呈白色、灰色和淡褐色，菌肉厚而紧密，质地紧密，鲜嫩可口。烹制上多适用于凉拌、炒、煎、扒、制汤，或作为菜肴配料、馅心等。

甜椒（Bell Pepper）是由原产于中南美洲的辣椒在北美演化而来的变种，果较大，呈红色、绿色、紫色、黄色、橙黄色或浅黄色，果肉厚，味略甜，无辣味或略带辣味。按果型，甜椒可分为大甜椒、大柿子椒和小圆椒。

牛油果（Avocado）又称油梨、鳄梨，是世界上重要的水果之一，果皮呈绿色、黄绿色。核坚硬，果肉呈黄色，肉质奶油。果肉脂肪含量较其他水果高，含有丰富的营养成分，容易被人体消化吸收，可生食、可烹调。在西餐制作中，牛油果常与畜肉、鸡、海鲜等搭配，制成主菜或沙拉、三明治等。

1.2.2　西餐常用动物性原料

牛（Cow）为哺乳动物，体型大，体重可达千斤。在营养学方面，相同质量牛肉的蛋白质含量高于猪肉，脂肪含量较低，是优质蛋白的良好来源。我国养殖的牛主要有3种：黄牛、牦牛、水牛。一般肉用黄牛的肌肉呈深红色，脂肪为淡黄色，肌间脂肪多且分布均匀，切面呈大理石状，结缔组织少，肉质细嫩而柔软，肉味鲜美。牦牛肌肉组织较致密，色泽紫红，肉用牦牛肉质细嫩、味美可口、低脂肪、高蛋白，有野味风格。水牛的肉色比黄牛的肉色暗，呈深棕红色，肌肉纤维粗而松弛，切面光泽强并有紫色光泽。脂肪呈黄色，干燥而少黏性，肉不易煮烂，肉质差。

牛肉在烹调中烹制时间较长。日本的神户牛肉肉质肥瘦均匀，香嫩爽口，被称为"牛中之王"，市场上价格较其他牛肉贵。

猪（Pig）为哺乳动物，是人类主要肉用家畜之一。猪肉消费占我国肉食总消费量的80%以上。猪的品种多，有300多种，我国约占1/3，是世界上猪种资源最丰富的国家。按商品用途，猪可分为瘦肉型、脂肪型、肉脂兼用型。猪肉适用于各种烹调方法。不同部位的猪肉，由于其肉质有一定差异，使用时应按照肉的特点选择相应的烹调方法，以达到理想的成菜效果。例如，位于猪背部、后臀尖的肌肉成块而结实，结缔组织少，肌间脂肪多，肉质细嫩，可通过炒爆、汆煮等方法成菜；而猪颈部、腹部的肌肉肉质差、不成形，但吸水性高，黏着性好，适合用烧、蒸、炖等方法长时间烹调，在中餐制作中，猪肉可作为主料，也可作为配料；适于各种调味；适于多种加工方式；广泛用于制作菜肴、主食、小吃、面点、加工品。

羊（Sheep）为哺乳动物，种类较多，主要分为绵羊、山羊、黄羊，供食用的常为绵羊和山羊两类。绵羊肉质坚实，颜色暗红，肌纤维细而柔软，肌间脂肪较少，腥膻味淡，品质较好。山羊肉呈暗红色，皮厚，皮下脂肪稀少，腹部脂肪较多，腥膻味重，品质较差。

根据不同的部位进行选料后，羊肉适用于各种烹饪加工和各种烹调方法，可制作成多种菜品、小吃、加工品等。

鸡（Chicken）为家禽，世界上约有100多种鸡，按用途可分为肉用鸡、蛋用鸡、肉蛋兼用鸡和食药用鸡等；在烹调中，按年龄、雌雄不同分为仔鸡、成年鸡、老鸡、阉鸡和公鸡、母鸡等。鸡肉结缔组织少，肌纤维细嫩柔软，肌肉中含有丰富的谷氨酸，肌间脂肪较多，因此，鸡肉不但肉味鲜香，且易被人体消化吸收，是制汤的最理想原料之一。

鸡是烹饪中应用最为广泛的禽类原料之一，可作为主料或配料；适用于任何烹调方法；可进行多种调味；可制成菜肴、小吃、汤品；可用于腌制、卤制、风干、糟制等多种加工方式，为家常菜和宴席菜常选用的原料。

1.2.3　西餐常用水产类原料

虾（Shrimp）为甲壳动物，肉质细嫩，色洁白。虾肉是烹饪加工中选用的主要部位和食用的主要对象，虾的内脏主要位于头胸部，虾的股部背面有一条黑色的沙线，初加工时需剔除。在烹调应用中，鲜虾最适合快速成菜，如煮、蒸、干烧、炝、爆、滑炒、炸等。带壳的虾常煮、炸制成菜；挤出的虾仁可整用或经刀工处理成片、丁、肉花、蓉泥等；也可将虾去头留肉、把尾制作成虾排入菜。烹调中使用的虾类主要有产于淡水的白虾、中华新米虾、罗氏沼虾、日本沼虾等。

鲈鱼（Perch）品种繁多，肉丰厚，呈白色，刺少，鱼肉鲜美。以加拿大和澳大利亚湖的产量最高。鲈鱼适用于炸、煮、煎等烹调方法。

鱿鱼（Squid）又称枪乌贼，属枪乌贼科。主要产于泰国、中国、菲律宾和越南。外形特点：身体细长，呈圆锥状。鱿鱼肉质细嫩，味道鲜美，品质远超墨鱼，其可食部分占全身比高达98%。

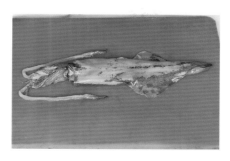

扇贝（Scallop）属扇贝科，是部分贝类的统称。中国沿海均有产，已发现30余种。扇贝的特点：壳略呈扇形，壳顶前后有耳，前大后小。壳面褐色，有灰白色至紫红色纹彩。扇贝肉质细嫩，清鲜爽滑，为上品原料。

牡蛎（Oyster）又称蚝、海虾子等，分布在温热带海洋中，以法国沿海所产的最为有名。色彩由青灰色到黄褐色，有的有彩色条纹。壳体较厚，层层相叠，壳面较为粗糙，坚硬似岩石，左右壳不对称。连接两壳的韧带在壳内。鲜牡蛎可生食，也可制作成各式菜肴，其肉质细嫩，鲜味突出，味道独特。

贻贝（Mussel）为贻贝科动物，主要产区是渤海、黄海。贻贝壳略呈长三角形，质地厚薄均有，壳顶向前；表面有细密生长纹，壳内面为白色带青紫色，品种较多。贻贝的肉味鲜美，营养丰富。

1.2.4　西餐常用香料

迷迭香（Rosemary）原产于地中海地区，生长在白垩土壤中。迷迭香叶带有茶香，味辛辣、微苦，常被使用在烹饪上，也可用来泡花草茶，在西餐中常常用于羊肉菜肴的制作。

百里香（Thyme）是一种生长在低海拔地区的芳香草本植物。百里香属的植物特别是原产于地中海地区的银斑百里香，为欧洲烹饪常用香料，味道辛香，用来加在炖肉、蛋或汤中。

牛至（Oregano）原产于欧洲地中海沿岸地区，牛至与罗勒是给予意大利菜独特香味的两大用料。

罗勒（Basil）一般而言会散发出如丁香般的芳香，有的略带薄荷味、甜味或辣味，香味随品种不同而不同。罗勒非常适合与番茄搭配，不论是做菜、熬汤还是做酱，风味都非常独特。罗勒可用来制作比萨饼、意粉酱、香肠、汤、番茄汁、淋汁。

莳萝（Dill）原为生长于印度的植物，外表看起来像茴香，开黄色小花，结小型果实，自地中海沿岸传至欧洲各国。莳萝属欧芹科，叶片为鲜绿色，呈羽毛状，种子呈细小圆扁平状，味道辛香甘甜，多用作食油调味，有促进消化之功效。

丁香（Clove）又称丁香子，是著名的庭园花木，因而在园林中被广泛栽培应用。古代诗人多以丁香写愁，因为丁香花多成簇开放，被称为"丁结""百结花"，可用于烹调和入酒，也可用于制造丁香油。丁香可用于烹调或制成香烟添加剂、焚香添加剂，也可用于制茶等。

香叶（Bay Leaves）又叫月桂叶，原产于南欧地中海沿岸，产自绿灌木或小乔木，两种月桂叶都是绿色，呈长椭圆披针形，长约三英寸，叶面光滑，带有辛辣及强烈苦味。香叶是欧洲人常用的调味料和餐点装饰，如用在汤、肉、蔬菜、炖食等中，可以说是一种健胃剂。

香草荚（Vanilla）又叫香草枝，是非常名贵的香料，应用广泛。香草荚是香荚兰属的学名，而香荚兰豆就是我们常说的广泛用于烘焙、烹饪中的香草豆荚。

1.2.5　各式调味料

黑胡椒（Black Pepper）又称黑川，是胡椒科中的一种开花藤本植物，其果实在晒干后通常可作为香料和调味料，也是白胡椒、红胡椒与绿胡椒的制作原料。黑胡椒是全世界使用较广泛的香料之一，通常与精制食盐搭配在一起。

奶酪（Cheese）也叫干酪、芝士，是一种发酵的牛奶制品。就工艺而言，奶酪是发酵的牛奶；就营养而言，奶酪是浓缩的牛奶。

辣椒粉（Cayenne Pepper）又叫卡宴辣椒，是红色或红黄色、油润而均匀的粉末，是红辣椒、黄辣椒、辣椒籽及部分辣椒秆碾细而成的混合物，具有辣椒固有的辣香味。

红辣椒粉（Paprika）是由红辣椒晒干后加工碾磨成的粉末。红辣椒为一年生或多年生草本，原产于中南美洲，广布于法国、西班牙、意大利和匈牙利。我国各地均有栽培。

咖喱粉（Curry Powder）其实不是一种香料的名称。组成咖喱的香料包括红辣椒、姜、丁香、肉桂、茴香、小茴香、肉豆蔻、芫荽籽、芥末、鼠尾草、黑胡椒以及姜黄粉等。这些香料混合的粉末称为咖喱粉。

辣根（Horseradish）原产自欧洲东部和土耳其，已有2 000多年的栽培历史，带有特殊辣味，磨碎后干藏，可用作煮牛肉及奶油食品的调料，或切片入罐头调味。

意大利黑醋（Italian Vinegar）又称为意大利香脂醋，是由加热煮沸变浓稠的葡萄汁经过长期发酵制成的，颜色深褐，黏稠而醇厚，酸中带甜。在西餐烹饪中可作为主菜酱汁，也可作为面食、沙拉、奶酪、甜点或海鲜肉食等的调味品。意大利黑醋醇厚黏稠，有利于主食摆盘的造型设计，增强人们的食欲。其浓郁的口感和丰富的香气，既能提鲜增色，又能平衡海鲜偶尔的腥腻。

葡萄酒（Wine）是葡萄经破碎、榨汁、发酵、成熟等工序加工制作的一种酿造酒，为世界上产量最大的果酒，生产历史悠久，种类繁多。按颜色葡萄酒可分为红葡萄酒、白葡萄酒和淡红葡萄酒。法国出产的葡萄酒最为著名。在西餐烹饪中，葡萄酒是应用非常广泛的调味酒之一，以干红葡萄酒使用较多。红葡萄酒是西餐制作红肉类和各种野味菜肴时最佳烹调用酒，如制作红酒烩牛肉、少司等。

白兰地（Brandy）起源于法国干邑镇，指葡萄酒或葡萄发酵皮渣经蒸馏、陈酿或加药配制而成的酒。而以其他水果为原料通过同样的方法制成的酒，以法国所产为最佳。白兰地色泽金黄透亮，口感柔和，味浓郁醇香，在西餐中使用非常广泛，如肉类腌制、少司制作和西点调香。

朗姆酒（Rum）是以甘蔗为原料的蒸馏酒，一般以甘蔗汁煮干后除去砂糖结晶的糖蜜为原料发酵、蒸馏而成。其色泽黄褐，口感细致甜润，气味芬芳。除直接饮用或作为调制鸡尾酒的基酒外，在西餐烹饪中，朗姆酒多用于西点中甜品调味。

1.3.1　常用设备介绍

越来越多的现代厨房使用机械化设备来提高工作效率，降低人力成本，合理使用和保养厨房设备，关系到西餐厨房的运行成本。西餐厨房的设备一般比较昂贵，每天完成工作后，厨师都必须对设备进行清洁和检查。西餐厨房常用设备见表1.2。

表1.2　西餐厨房常用设备

图　片	名　称	介　绍
	四眼明火灶（平头煲仔炉）	又称四眼灶或六眼灶，分燃气灶和电灶两种。一般由钢或不锈钢制成，灶面平坦
	平扒炉	又称平面煎灶，其表面是一块平整的铁板，四周是滤油槽，铁板下有一个能抽拉的铁盒。热能来源主要为电和燃气两种。铁板传热使被加热物体均匀受热。使用前应提前预热
	铁扒炉	又称烧烤炉，其表面架有一层槽形铸铁条，热能来源主要为电、燃气和木炭等。下面的辐射热通过铁条传导，使原料受热。使用前应提前预热

续表

图　片	名　称	介　绍
	明火焗炉	又称面火炉，是一种立式的扒炉，中间为炉膛，有铁架，一般可升降。热源在顶端，一般适于原料的上色和表面加热
	炸炉	一般为长方形，主要由油槽、油脂过滤器、钢丝篮及热能控制装置等组成。炸炉大部分以电加热，能自动控制油温，主要用于炸制食品
	烤箱	按热能来源，主要分为燃气烤箱、远红外电烤箱等；烘烤原理，又分为对流式烤箱和辐射式烤箱两种。现在主要流行的是辐射式电烤箱，其工作原理主要是通过电能的红外线辐射烘烤食品。烤箱主要由烤箱外壳、电热管、控制开关、温度仪、定时器等构成
	万能蒸烤箱	集蒸、烤、煮于一体，不只有烤的功能；一台设备可以兼顾许多设备功能，例如，烤箱、焗炉等；万能蒸烤箱的加热功能是以蒸汽加热和加热管加热形式实现的，蒸汽加热功能跟纯蒸箱一样
	冰箱	分为冷藏和冷冻两层，冷藏层用以储藏不需要冻结的食品，其温度应保持在0～5 ℃。冷冻层用以储藏需要冻结的食品，其温度应保持在0～18 ℃
	微波炉	工作原理：利用电磁管将电能转换成微波，高频电磁场使被加热物质的分子剧烈振动而产生高热。微波电磁场由减控管产生，微波穿透原料，使加热体内外同时受热。微波炉加热食物营养损失少，成品率高，并具有解冻功能。加热效率高。但微波加热的菜肴缺乏烘烤产生的金黄色外壳，风味较差
	切片机	根据需要调节切割的厚度，可用于切割肉片以及一些蔬菜原料，能做到厚薄均匀，提高厨房的工作效率和工作质量

图 片	名 称	介 绍
	破壁料理机	由电机、原料容器和不锈钢叶片刀组成，常见功能有打碎水果、蔬菜、肉馅等，也可用于搅打浓汤、调味汁等
	榨汁机	一种可以将果蔬快速榨成果蔬汁的机器
	多士炉	西餐厨房必备的设备之一，主要用于加热面包片，按下升降键接通电路，发热丝开始加热，待到预设时间则自动终止加热工作，面包承座弹起

1.3.2 常用器具介绍

在厨房操作中，用于西餐烹调的工具种类繁多，形式多样。表1.3中列举了部分常用工具。

表1.3 西餐厨房常用工具

图 片	名 称	介 绍
	平底煎锅	也称煎盘，是西餐烹调中的主要工具。用于煎制牛扒、土豆等
	斜边炒盘	也称煎盘，用来炒或煎制蔬菜、鱼、鸡蛋等
	平底少司锅	有长柄及盖，大小不等，常用来调制少司或焖制小份菜肴
	汤锅	桶较深、大，旁有耳环，上面有盖，由不锈钢或铝合金制成，规格不等，常用来烩煮肉类和烧汤等

续表

图　片	名　称	介　绍
	不锈钢汤勺	有长柄，用于舀调味汁及汤菜
	木铲	分为长柄和短柄两种，主要用来炒菜
	厨师刀	刀长约25 cm，刀头尖或圆，刀刃锋利，用于切割各种肉类食物
	食品夹	金属制的有弹性的"U"字形夹钳，用于夹取食物
	砧板	在西餐厨房中砧板有严格的分类，处理不同原料时要选择对应的砧板

　　厨房其他常用工具如下：

　　1）烤盘

　　烧盘为长方形，由薄钢板制成，尺寸可根据需要决定，用于烤制食品。铁板盘为长方形，深约2.5 cm，用于烘制甜点、曲奇饼、薄面包片等。

　　2）帽形滤器

　　帽形滤器形似帽子，有长柄，用于过滤少司。

　　3）蔬菜滤器

　　蔬菜滤器用于沥干洗净后的蔬菜或水果。

　　4）漏勺

　　漏勺由不锈钢制成，底浅，连柄，口圆且广，有许多小孔，用于食品油炸后沥去余油。

　　5）打蛋器

　　打蛋器由环形不锈钢丝扎缚成，分大、小两种规格，用于打制蛋液及奶油等。

　　6）勺子

　　勺子分长柄和短柄，用于舀调味汁及汤菜。

　　7）汤酱筛

　　汤酱筛一般用于过滤蔬菜、水果的浓汤。

8）模具

模具一般由铜、不锈钢等制成，用于扣制各式蛋糕小饼、冻糕和布丁、西餐装盘工具等。

9）筛子

筛子用于筛面粉等。

10）擦板

擦板是多用途加工工具，可将肉豆蔻、奶酪等擦成较粗的末，也可将土豆擦成片、丝等。

11）量水杯

量水杯由塑料或不锈钢制成，有柄，内壁有刻度，一般用来量液体食物。

12）冰激凌球勺

冰激凌球勺由球勺（半球形）与手柄两部分组成，勺底有半圆形薄片，捏动手柄，细薄片可以转动，使冰激凌呈球形。

13）拍刀

拍刀名为刀，实际上是一块带握柄的铁板或不锈钢板，长约15 cm，宽约10 cm，厚约1.5 cm，用来拍打肉排。一些拍刀呈锤形，用来加工各种肉类原料。

14）电子秤

电子秤用于准确称量各种原料。

15）温度计

温度计由测杆和温度表两部分组成，用以测油温及糖浆温度。

[思考练习]

西餐厨房的主要设备有哪些，在使用过程中应如何保养？

任务4 西餐厨房安全与卫生

[知识导入]

在西餐厨房生产加工过程中，食物处理程序不当和肮脏的厨房环境会导致疾病泛滥，引起顾客不满，甚至使企业遭到处罚等。食物损失量增加还会增加食物成本。厨房安全隐患会造成人员伤害，增加医疗开支，减少个人收入。此外，工作质量的自豪感首先体现在外表和工作习惯上。不卫生、不清洁、不修边幅以及懒散的工作作风绝不会令人产生自豪感。

1.4.1 厨房人身安全

1）安全的工作环境

在厨房操作过程中，刀伤、烧伤、烫伤、扭伤等安全问题与厨师操作紧密相关。建立一个安全的工作场所是开创一个良好工作环境的先决条件。为保证厨房的整体环境和整体设备的安全使用，厨房的管理人员应做到以下几点。

①厨房的设计、设备的维护以及电器的保养本着方便的原则。

②保持地面整洁，及时清理油污和积水，以免滑倒。

③严禁在消防通道摆放任何障碍物并印上鲜明标记。

④灭火器、灭火毯和急救箱要方便取用，存放位置严禁随意改动。

⑤正确使用设备，并且使设备保持在正确位置。

⑥烹饪设备的上方必须加装消防设施设备，尤其在油炸炉区域。

⑦消防电话处必须印有鲜明的标记。

⑧合理安排厨房工作动线，避免人员碰撞。

2）厨房设施、设备正确使用

①使用厨房设施、设备之前要阅读使用说明书，不要使用自己不熟悉的设备。

②在使用设备时，检查设备上的安全设施是否完善。使用完毕时，请再次检查安全设施是否在规定的操作位置上。

③不要在设备运行时用手或非专业的设施接触运行设备上的食物，以免造成伤害。

④在清洗或检查、维修设备、设施前，请关闭电源开关或拔掉电源插头。在使用设备、设施前，请检查设备、设施是否关闭，如未关闭，请在关闭后接通电源并打开设备。

⑤请勿在湿手或在导电的环境下接触或操作各种电动设备和设施。

⑥请保持良好的仪容仪表，以免头发或未系紧的围裙被卷入操作中的机器。

⑦专用设备由专项和专人使用，切勿挪为他用或由非专业人员使用。

⑧厨房器皿应稳妥摆放或固定摆放，以免掉落。

1.4.2　西餐厨房消防安全

厨房消防安全，通俗意义上讲就是厨房防火综合治理，引起火灾的内因是我们所说的专业名词"烟点"——能够使脂肪分解并燃烧的温度，达到烟点后的食物会发出难闻和刺鼻的味道，还会使油释放出有毒致癌物质。

1）引发厨房火灾的原因

①燃料多。一般厨房是明火操作，使用天然气、煤气、液化气等。

②油烟重。烟道和抽油烟机如果不定期清理，便会在表面附着一层可燃油层。

③电气线路隐患大。超负荷地使用大功率电器。

④厨房灶具和器具易出事。厨房里的烤箱、扒炉、蒸汽锅使用不当。

⑤用油不当会起火。烹调过程中油温过高容易引发火灾。

⑥其他因素也容易引发火灾。厨房内吸烟、电器老化等。

2）厨房防火常识以及预防措施

（1）使用灭火器

①提（扳手）—拔（铁环）—瞄（火焰底部）—压（扳手）。

②提：判断火势方向，提起灭火器站在火源的上风口。

③拔：拔掉灭火器的安全栓。

④瞄：握住橡胶喷头，在距离火源3~5 m处对准火焰底部。

⑤压：压住灭火器开关，使灭火物质喷射出来。

（2）使用灭火毯

使用灭火毯时，须双手拉住拖拉绳，将灭火毯整个快速拉出包装。将涂有阻燃、灭火涂料的一面朝外，迅速覆盖在火焰（油锅、地面等）上，阻隔空气并熄灭火焰；关键时刻也可将其护在自己脸上或披在身上，用于短时间内自我防护。

3）厨房防火安全措施

①加大防火、灭火消防安全教育，定期或不定期举行消防安全演习和培训。

②制订相应的消防安全措施，由专人管理，定期检查设施、设备的使用情况。

③厨房统一使用经国家质量检测部门检验合格的设备用具。

④厨师在使用设备过程中严格按照安全说明操作。

1.4.3 西餐生产过程中的卫生知识

[知识导入]

制定有关个人卫生和食品卫生的管理制度的目的，并不是增加厨师从业的难度。随着饮食观念的改变，人们越来越注重食品安全，因此，厨房在生产环节中更应该注重食品安全和卫生。西餐厨房生产过程涉及厨师个人卫生、厨房环境卫生、厨房设备卫生等。

1）个人卫生

厨房里厨师是传播疾病的重要媒介，为了预防由食品所引发的疾病传染，首先要注意个人卫生，专业厨师必须遵守以下规则和程序。

①每年进行一次健康检查，若患有传染性疾病，切勿从事食品加工工作。

②勤洗澡，最好每天洗澡。

③勤洗手，尤其是在更换一次性手套后、去完厕所后、用餐前后等任何可能影响食物安全的时候。

④注意自己的仪容仪表，尽量不留胡须。

⑤工作时工作服必须整洁干净，必须戴工作帽、头箍、头套。

⑥不戴手镯、手链、手表等饰物。

⑦烹调时，不得直接用手接触食物，须戴一次性防菌透明手套。

⑧在烹调和处理食品时，不能对着食品打喷嚏。如咳嗽或打喷嚏，要用手肘部捂住口鼻，事后将手冲洗干净。

⑨烹调食物期间，不要随意用手挖鼻、掏耳、抓头、剔牙，也不要嚼口香糖。

⑩在烹调试味时，勺不能直接入嘴，更不可以把尝剩的菜肴倒回锅里。

⑪条件允许时可以接种疫苗，可有效地防止传染性疾病。

⑫绝不能用工作服擦手、擦盘子或擦鼻涕等。

⑬勤剪指甲，不涂指甲油。

⑭不可将私人物品带入厨房。

⑮任何情况下不得坐在工作台上。

⑯不准在厨房区域内吸烟和随地吐痰，吸烟应到指定的吸烟区。

厨房洗手正确程序如下：

①在水龙头下取适量温水将手部打湿。

②取适量洗手液均匀涂抹到整个手掌、手背、手指和指缝。

③掌心相对，双手指缝交叉，相互揉搓20 s。

④用自来水彻底冲洗双手（短袖工作服应洗至肘部）。

⑤用清洁纸巾或风干机弄干双手。

⑥关闭水龙头（手动式水龙头应用肘部或用纸巾包裹水龙头关闭）。清洗后的双手涂擦消毒剂后充分揉搓20～30 s。

　　2）厨房环境卫生

厨房是烹调食品的主要场所，不卫生的厨房环境和设施设备是污染食品的原因之一，厨房环境卫生包括通风、照明设施、厨房门窗、天花板、设备等。

①厨房每个操作间都应具备良好的通风设备，包括窗户、排烟罩、排气罩。

②厨房内各加工间以及食品储存间应根据实际情况安装相应的灯光设备，以便照明和清洁。

③保持厨房内外环境整洁，采取消除苍蝇、老鼠、蟑螂和其他有害昆虫及其滋生条件的措施，定期清洁厨房地面、墙壁、天花板、下水道及水管装置。

④更衣间、卫生间、洗手池设备应齐全。

⑤餐饮厨房应配备足够数量的垃圾桶，桶内应放置垃圾袋。

⑥厨房清洁用品单独保管，避免污染食品和餐饮设施设备。

⑦定期清理虫害并请专业灭虫公司处理。

（1）食品卫生相关安全知识（选自万豪国际酒店集团食品质量与安全标准条例）

①在烹制及存放易变质食物时填写食品温度表。

②正确填写冷却食品温度表。

③所有正确使用中的冷藏或冷冻冰箱及冰库均应存有已正确填写完成的过去3个月内的温度记录表。

④保存并随时使用当年的"食物中毒事件处理程序"。

⑤为现有时薪雇员提供食品安全培训，并保留相关资料以供检查。

⑥所有部门的正式员工均参加相关培训并获得证书。

⑦后台区域（收货区及垃圾存放区）及通道口有防虫设施。

⑧保存近期的当地卫生局检查记录并供参考，并且记录所提到的不足之处已得到改进。

⑨定期杀虫并记录，相关不足之处得到改进。

⑩每月自我检查食品安全并将材料存档。

⑪食品制作及储存区域内的所有食品及酒水均贴有收货日期标签，以确保实施先进先出原则。

⑫所有冷藏及冷冻设备均按标准保持其所需温度并配备准确的内置温度计。

⑬食品按标准进行储存。

⑭封好所有加工好的成品或半成品食品并标注日期及内容。

⑮设施、设备及工作区域均清洁。

⑯餐饮部运作区域内均配备《MSDS安全数据资料册》，以供所有员工参考。

⑰无任何苍蝇、蟑螂、老鼠或其他昆虫。

⑱洗碗机设备正确运作。

⑲每一个厨房员工均配备准确的金属食品温度计，温度计作为其制服的一部分随身携带。

⑳所有食品均须烹饪达到所需内部安全温度，所有厨房员工都清楚每样食品的内部安全温度。

㉑重点事项：只使用经高温杀菌的液体鸡蛋；带壳鸡蛋仅限于供应单份的鸡蛋食品时使

用，并且烹饪时其内部温度要达到145 °F（63 ℃）。如当地没有经高温杀菌的液体鸡蛋，则应使用当局批准并有正确使用程序的鸡蛋。

㉒所有食品生产区域均配备正确浓度的含碘消毒液或含氨消毒液并配有明显标识。

㉓按标准使用被认可的厨房抹布。

㉔使用不同颜色的砧板对生（白色砧板）、熟（红色砧板）食品进行切配。

㉕禁止在不佩戴厨房专用手套的情况下与即将入口的食品有任何接触。

㉖员工在食品制作及储藏区域不得饮食、吸烟或咀嚼口香糖。

㉗员工经常洗手并使用符合标准的洗手设备。

㉘所有易变质的热食品都必须保持温度在140 °F（60 ℃）或以上。

㉙所有易变质的冷食品都必须保持温度在41 °F（5 ℃）或以下。

（2）西餐厨房菜板的使用

西餐厨房的"五色砧板"主要指绿色、黄色、蓝色、红色、白色砧板，分别用于处理蔬菜、禽类、海鲜水产、猪牛羊肉、即食食品。之所以使用不同颜色的砧板是为了从源头上降低食物受到污染的可能性，确保食品安全。

①颜色规则。红色砧板用来切配生畜肉，如牛肉、羊肉、猪肉等；黄色砧板用来切配禽类生肉，如鸡肉、鸭肉、鹅肉、鸽肉等；蓝色砧板用来切配水/海产品，如鱼、虾、蟹等；绿色砧板用来切配蔬菜、水果；白色砧板用来切配即食（刺身）、熟肉、乳制品。

②塑料砧板的保养。在平时使用切菜板切肉时，刀痕残存于其上，这些刀痕很难清洗干净，并且非常适合细菌生长，因此需要定期清洁并保持表面光滑，可6个月打磨砧板的表面或根据厨房检查或食物卫生检查的结果而自行制定保养时间。

[思考练习]

（1）厨房引发火灾的原因？

（2）如何正确使用灭火器？

（3）在厨房操作过程中如何避免交叉污染？

（4）如何正确洗手？洗手流程是什么？

（5）西餐厨房中如何正确使用砧板？在使用过程中应如何对砧板做保养？

（6）在厨房工作中如何做好个人卫生？

（7）谈谈您对厨房安全的认识。

任务5　西餐厨房常用词汇

[知识导入]

由于西餐厅厨房大多是开放式的，厨师直接面对来自不同国家的客人，需要以英语交流与互动。同时，西餐厨房里的菜单制作、菜谱编制都需要使用英语，如果你想成为技术全面、与时俱进的主厨，那么就必须学会英语。本节主要就厨房里常用的一些术语做简单介绍。

1）西餐烹调常用词汇（表1.4—表1.10）

表1.4 厨房词汇

All Day Dining（ADD）	全日餐厨房	Flower Room	花房
Banquet Kitchen（BAN）	宴会厨房	Freezer	冰箱；冷冻库
Chiller	高温冷库	Garbage Bin	垃圾箱
Chinese Kitchen（CHN）	中餐厨房	Hot Kitchen	热菜区
Chocolate Room	巧克力房	Kitchen	厨房；炊具；炊事人员
Chopping Area	切配区	Pantry Station	备餐间
Cold Kitchen	冷菜间	Pastry/Bakery	包/饼房
Commissary Kitchen（COM）	初加工厨房	Receiving Area	收货区
Culinary	厨务部	Staff	职员
DIM SUM Kitchen	点心厨房	Staff Canteen Kitchen（STA）	员工厨房
Dish Storage	碗碟间	Western Kitchen（WET）	西餐厨房
Dish Washing Area	洗碗间		

表1.5 厨房工具、设备词汇

Aluminium Foil	锡箔纸	Measuring Spoon	量勺
Baking Mould	烘焙模具	Meat Slicer	切片机
Baking Pan	烤盘	Microwave	微波炉
Blender	搅拌机	Mincer	绞碎器
Bottle Opener	开瓶器	Mortar and Pestle	研钵和研棒
Bowl	碗	Oven	烤箱/烤炉
Bread Knife	面包刀	Pan	平底锅
Cake Lifter	蛋糕铲	Pastry Brush	烘焙用的刷子
Cake Stand	蛋糕架	Peeler	削皮刀/削皮器
Can Opener	开罐器	Piping Bag	裱花袋
Cheese Grater	芝士刨丝器	Pizza Cutter	比萨刀
Chopper	切碎机	Pizza Peel	比萨托盘
Chopping Board	砧板	Plate	碟子
Chopsticks	筷子	Pot	锅
Citrus Zester	削皮刀	Rotary Grater	旋转刨丝器
Cleaver	切肉刀	Spatula	锅铲

续表

Coffee Machine	咖啡机	Spoon	勺子
Colander	滤器	Steamer	蒸笼
Corkscrew	开塞钻	Stew Pot	炖锅
Cover/Lid	锅盖	Stove	煤气灶
Dish Washer	洗碗机	Strainer	过滤网
Dough Scraper	面团刮刀	Teapot	茶壶
Food Processor	食品加工机	Toaster	面包机
Fork	叉子	Water Bottle	水杯壶
Frying Pan	煎锅	Whisk	扫把
Grill	烤炉	Wooden Skewers	木串；竹签
Ice Crusher	碎冰机	Yogurt Maker	酸奶机
Ice Maker	制冰机		
Juicer	果汁机		
Kettle	水壶		
Knife	刀		
Ladle	长柄勺		
Mandolin	多功能切丝器		

表1.6　烹调用语词汇

Bake	焗	Fried	煎
Boil	煮	Grill	铁扒
Braise	焖	Roast	烤
Broil	串烧	Saute	炒
Deep-Fried	炸	Stew	炖
Rare	一成熟	Well-done	全熟
Medium-rare	三成熟		
Medium	五成熟		
Medium-well	七成熟		

表1.7　厨房职务词汇

Assistant Executive Chef	行政总厨助理	Night Cook	夜班厨师
Bus Boy	传菜员	Relief Cook	替班厨师
Chef	厨师长	Roast Cook	烤炸师傅
Chef de Partie	厨师主管	Saucier	调味品厨师领班
Commis Cook	厨师	Short-order Cook	快餐厨师
Demi Chef De Partie	厨师领班	Sous Chef	厨房主管
Executive Chef	行政总厨	Staff Cook	员工厨师
Grill Cook	烤炙肉类的厨师		
Kitchen Secretary	厨房秘书		

表1.8　常见果蔬类

Apple	苹果	Mango	芒果
Baby Corn	玉米尖	Mushroom	蘑菇
Banana	香蕉	Mustard & Cress	芥菜苗
Bean Sprout	绿豆芽	Okra	秋葵
Carrot	萝卜	Onion	洋葱
Cauliflower	白花菜	Orange	橙子
Celery	芹菜	Peach	桃
Cherry	樱桃	Pear	梨
Chilli	辣椒	Peas	碗豆
Coconut	椰子	Pineapple	菠萝
Coriander	香菜	Potato	马铃薯
Corn	玉米	Radish	红萝卜
Cucumber	黄瓜	Red Cabbage	紫甘蓝
Date	枣	Red Pepper	红辣椒
Dwarf Bean（Green Bean）	四季豆	Shallot	青葱
Eddo	芋头	Spinach	菠菜
Eggplant	茄子	Spring Onions	大葱
Fig	无花果	Starfruit	杨桃
Flat Beans	长形扁豆	Strawberry	草莓

续表

Garlic	大蒜	Swede or Turnip	芜菁
Ginger	姜	Sweet Potato	红薯
Grape	葡萄	Taro	芋头
Grape Fruit	葡萄柚	Tomato	番茄
Green Pepper	青椒	Watercress	西洋菜
Honeydew-melon	蜜瓜	Yellow Pepper	黄椒
Kiwi Fruit	猕猴桃	Truffle	松露
Lemon	柠檬		
Lettuce	莴苣菜		
Lychee	荔枝		

表1.9　常见肉、禽、海鲜类

Bacon	烟熏肉（培根）	OX-heart	牛心
Beef Steak	牛排	OX-Tail	牛尾
Chicken Breast	鸡胸肉	OX-Tongues	牛舌
Chicken Wings	鸡翅	Oyster	牡蛎
Cod Fillets	鳕鱼块	Peeled Prawns	虾仁
Cod（codfish）	鳕鱼	Plaice	比目鱼
Crab	螃蟹	Pork	猪肉
Crab Stick	蟹肉条	Prawn	对虾
Ground Pork（Minced Steak）	猪肉碎	Rump Steak	后腿肉牛排
Ham	火腿	Salmon	鲑鱼
King Prawns	大虾	Sausage	香肠
Lamb Chop	羊排	Shrimps	小虾
Leg Beef	牛腱肉	Smoked Pork Loin	熏猪排
Lobster	龙虾	Squid	鱿鱼
Mackerel	鲭鱼	Tuna	金枪鱼
Minced Beef	牛肉碎	Winkles	田螺
Mussel	蚌	Octopus	章鱼
Mutton	羊肉		

表1.10　常见干杂调料类

Allspice	多香果	Jam	果酱
Anise（Star Anise）	大茴香，八角，大料	Fennel	茴香
Anisette	茴香酒	Flour	面粉
Bamboo Shoots	竹笋	Gin	金酒
Basil	罗勒，紫苏，九层塔	Glutinous Rice	糯米
Bay Leaf	香叶，月桂叶	Grape Wine	葡萄酒
Beer	啤酒	Horseradish	辣根
Black Pepper	黑胡椒	Icing Sugar	糖粉
Brandy	白兰地	Laurel	月桂
Brown Rice	糙米	Long Rice	长米
Brown Sugar	红糖	Maltose	麦芽糖
Butter	黄油	Mint	薄荷
Cardamom	小豆蔻	Mozzarella Cheese	马苏里拉芝士
Cashew	腰果	Mustard	芥末
Cayenne Pepper	卡宴辣椒，辣椒粉	Noodles	面条
Champagne	香槟酒	Nutmeg	肉豆蔻
Cheddar Cheese	车达芝士	Oil Olive	橄榄油
Cheese	芝士，奶酪	Oregano	牛至
Cheese Powder	芝士粉	Oyster Sauce	蚝油
Chestnut	栗子	Paprika	红辣椒粉
Chive	细香葱，虾夷葱	Parmesan Cheese	巴马臣芝士
Cinnamon	肉桂	Parsley	欧芹，番芫荽
Clove	丁香	Pasta	意大利面
Coconut Milk	椰子汁	Pepper	胡椒
Condensed Milk	炼乳	Port Wine	波特酒
Coriander	香菜	Pudding Rice	布丁米
Cornstarch	玉米淀粉	Red Chilli Powder	红辣椒粉
Cream	奶油	Rock Sugar	冰糖
Cumin	孜然	Rosemary	迷迭香
Curry Powder	咖喱粉	Rum	朗姆酒
Dill	莳萝	Saffron	藏红花

Dried Shrimp	虾米	Thyme	百里香，麝香草
Sage	鼠尾草，洋苏草	Tofu（Bean Curd）	豆腐
Sago	西米	Tomato Paste	番茄酱
Sesame Oil	麻油	Turmeric	姜黄
Sesame Paste	芝麻酱	Vanilla	香草，香子兰
Sesame	芝麻	Vinegar	醋
Sherry	雪利酒	Whisky	威士忌
Sour Milk（Yogurt）	酸奶	White Pepper	白胡椒
Soy Sauce	酱油	Whole Meal Flour	全麦面粉
Tarragon	龙蒿	Worcestershire Sauce	辣酱油
Thai Fragrant Rice	泰国香米		

2）常用礼貌用语

Excuse me! 对不起，打扰一下!

Can I help you Sir/Madam? 先生/女士，我能帮助您吗?

Good morning/afternoon/evening! What can I do for you? 早上好/中午好/晚上好! 我能为你做什么吗?

It's very kind of you! 您太客气啦!

Thanks and have a nice day! 谢谢! 祝您愉快!

You don't have to wait here, Sir. But can I known where is your sit? I will deliver it to your table. 先生，您可以不用在这里等，您坐在哪儿? 我会把它送到您的位置上。

Welcome to × × × coffee shop. 欢迎光临×××咖啡厅。

The hot /cold dish is over there, please help yourself. 热菜/冷菜在那边，请随意取用。

How well your fried egg? Sunny side up? Over hard, well done? （or one side, both side） 请问您的煎蛋要怎样做? 单面煎蛋（太阳蛋）还是双面煎蛋?

Hello Sir, your fried egg is done. 您好! 先生，您的煎蛋已经做好了。

You are welcome! 不客气!

Here we provide noodles/rice noodles/dumplings/wonton and so on. 我们这里提供面条、米粉、水饺和馄饨等。

Would you like some vegetables? 您需要来点儿蔬菜吗?

You can put some sauce /chicken soup in your bowl, here have chill sauce/soya sauce/vinegar/spring onion/coriander/laver/sesame oil and so on.

您可以放点臊子/鸡汤在您碗里，这边有辣椒酱/酱油/醋/小葱/香菜/紫菜/芝麻油等。

Here is salad bar. 这是沙拉吧。

Bread over there. 面包在那边。

Sorry Sir/Madam, I don't speak English, but I call you my chef. 对不起，先生/女士，我不会说英语，我去叫我的上级回答您。

Sorry, I don't understand you mean. Can you speak Chinese? 对不起，我不明白您的意思，您可以说中文吗？

Dim sum over there. 那边有点心。

Excuse me, Sir! It is used to be made garnish, can't be eaten. 打扰了，先生！它是用来做装饰的，不能食用。

项目 2

西餐食品原料初加工

>>>

 任务1 西餐刀工基础知识

[学习重点]

西餐刀工的准备工作和多种刀法运用。

[教学目的]

掌握西餐刀工的准备工作和常用刀法。

熟练的刀工技能是每个西餐专业人员都必须具备的。作为烹饪专业学生，娴熟的刀工是成为一名合格大厨的基本技能，因为刀是厨房里常用的工具。每个厨师在工作中都会花费很多时间对原料进行刀工处理。所以，学会安全而有效地执行这些任务是我们专业训练的基本组成部分，安全使用刀具并运用恰当的切割技术是职业厨房工作的基础。

刀工是厨师根据菜肴制作要求，运用各种刀法，将原料加工成为一定规格形状的操作技术。刀工对烹饪美味佳肴具有如下极为重要的作用。

①方便烹调菜肴。

②使菜肴更易于入味。

③方便人们的食用。

④使菜肴造型美观。

1）认识常用刀具

刀是厨房中重要的工具之一。厨师拥有一把锋利的刀具，能更加快捷地完成工作任务，甚至比使用机械效率更高。常用刀具包括厨刀、多功能刀、削皮刀、剔骨刀、厨叉、锯刀、刨皮刀、旋刀、蔬菜专用刀、挖球器、磨刀棒等。了解每把刀的不同用途，对一名专业厨师来说非常重要。以下对常用刀具做一些简要介绍。

①多功能刀：刀片长度为2~4 cm，用于削水果或切蔬菜。

②剔骨刀：刀片坚硬，长度为5~7 cm，用于剔下骨头上的肉。

③片肉刀：刀片相对较软，长度为5~8 cm，用于切生鱼片。

④厨刀：刀片长度为8~14 cm，用处较多，可用于碎骨、切片、切丁和剁肉。

⑤锯刀：刀片有锯齿，长度为12~14 cm，用于切面包或者番茄。

厨刀结构部位图示如下所示。

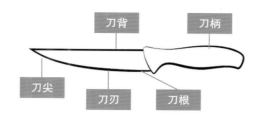

2）刀工的准备工作

（1）用刀安全

刀因其刀口锋利而具危险性，不正确使用会使个人受到伤害。用刀的每个环节包括握拿、切割、擦洗、保存，都应有正确的方法。用刀安全的首要原则是考虑用刀做什么，其基本原则如下。

①选用合适的刀具。

②保持刀口锋利，钝刀更危险。

③在砧板上切割，不要放在玻璃、大理石或金属上切割。

④拿着刀行走时，刀尖向下，刀口向后，刀身平行并靠近腿。

⑤刀掉落时，不要抢抓，应退后一步让其掉落。

⑥不要将刀放在水池里，否则刀可能伤到使用水池的人或被容器或其他工具碰伤。

⑦擦拭刀刃时，刀口向外（刀背朝向手心）。

⑧使用结束后，必须将刀擦拭干净并消毒。

⑨将刀保存在刀鞘、刀套里，以免伤人。

（2）磨刀技术

使用刀具前，应检查刀口是否锋利。相对于钝刀，用锋利的刀切割时无须用太大的力。在专业厨房里，常用的磨刀工具通常包括磨刀石和磨刀棒。

①磨刀石磨刀。磨刀石一般用于新刀的开口或钝刀的重新打磨。一般经磨刀石开口的刀，最好用磨刀棒细磨刀口，确保其锋利。磨刀石磨刀的程序如下。

a. 一只手握刀，将接近于刀尖处的刀口部分置于磨刀石上，保持刃与磨刀石的夹角为20°，另一只手除大拇指以外的四指轻抵刀刃。

b. 双手配合，握刀的手将刀沿刀身方向向前平滑地推送，从刀尖磨至刀根部，并始终保持20°夹角。如此反复多次。

c. 翻转刀身，按同样的方法磨另一面。

d. 两面磨的次数一定要相同，以确保刀口磨得均匀。

用磨刀石磨刀应掌握"先粗后细"原则，即以粗砂面开始，以细砂面结束。

②磨刀棒磨刀。经磨刀石开口后，通常用磨刀棒进一步磨锋利，其方法类似于磨刀石。其程序如下。

a. 一只手持磨刀棒，尖端朝上，另一只手持刀，虎口紧贴磨刀棒。刀身与磨刀棒夹角为20°。

b. 将刀身拖拽，从刀根部平滑地磨至刀尖，并保持20°夹角。

c. 每磨一次，换磨另一面。如此重复3～5次。

d. 擦净刀身。

（3）刀工操作规范

虽然刀工操作的机械化已经实现，并应用于批量的、标准化的加工生产，但是，厨房内刀工应用主要还是以手工操作为主。手工操作具有一定的劳动强度。因此，刀工的规范化直接关系到操作者的安全和身心健康。正确操作对提高工作效率、节省体力、减少创伤事故具有重要意义。

①刀工操作前的准备。

a. 工作台的位置。工作台周围空间应宽松，离过道应有足够距离，以无人碰撞为宜；其高度一般以人体的腰部高度为宜。

b. 工具准备。台面上应配备相应的工具，如刀、砧板、料盆、抹布等。这些工具的陈放应以方便、整洁、安全为准。

c. 卫生准备。操作前应对手及使用的工具清洗消毒，操作者穿戴好工装，台面与地面应保持清洁。

②操作姿势。对一名厨师来说，正确的操作姿势是至关重要的，不仅在外观上使人感到轻松优美，而且有利于提高工作效率，减少疲劳、保证安全。

站立方法如下。

a. 八字步。两腿直立，两脚自然分开，呈外"八"字形。上身略前倾，但不要弯腰驼背，目光注视两手操作的部位，身体与砧板保持大约10 cm的距离。这种步法两脚承担的重量均等，不易疲劳，适宜长时间操作。

b. 丁字步。左脚竖直向前，右脚横立于后，呈"丁"字形。重心主要落在右脚上。上身略向前倾，头稍低，双目注视两手操作的部位，身体与砧板保持大约20 cm的距离。

握刀方法如下。

握刀有多种方法，没有固定的标准。刀具不同，握刀的方法也不完全相同；原料的性质不同，握刀的方法也不同。但对学生来说，应该首先学会专业厨房里最常用的握刀方法，这种方法安全性高、操控性强。其方法是，用拇指和食指握住刀刃后根部，其他手指自然收拢握住刀把，要紧握不松动，但不要握死。

运刀方法如下。

运刀主要在于刀的运动和双手配合的协调性。运刀做上下运动时要垂直运动，运刀用力主要用手和腕部，运刀时要用力均匀。通常情况下，左手按住原料，不让其移动，右手运刀，操作时用右手小臂和手腕的力量，左手匀速后移；同时注意两手的相互协调、配合。

3）西餐刀工方法的运用

刀工方法简称刀法，指对原料切割时采用的具体的运刀方法。

西餐常用的刀法有直刀法、平刀法、斜刀片和其他刀法。

①直刀法。直刀法是刀与原料成90°进行切割的刀法。直刀法可分为切、剁、砍等，见表2.1。

②平刀法。平刀法又称片刀法，刀与原料呈180°。利用平刀法，原料可以被切得比较薄。

③斜刀片。斜刀片是指在刀与原料成90°～180°的切割方法。按其夹角的方向可分为正斜刀法和反斜刀法。

a. 正斜刀法：刀身与原料形成的右夹角为锐角的运刀方法。

b. 反斜刀法：刀身与原料形成的右夹角为钝角的运刀方法。

表2.1 直刀法操作分类

直刀法	切	直切
		推切
		锯切
		铡切
		滚料切
直刀法	剁	排剁
		点剁
	砍	直刀砍
		剁砍
		跟刀砍

④其他刀法。常见的刀法，如拍、撬、削等。

a. 拍：西餐中通常使用专门的拍刀或榔头，敲击原料表面，使之松散变薄。适用于牛肉、猪肉、羊肉等纤维丰富、质地紧密的原料。

b. 撬：主要用于取贝类原料的肉。使用专用的工具（如蚝刀、蛤刀）将两扇贝壳撬开，以便取出贝肉。

c. 削：一般用削皮刀操作，削去原料的根部和老皮。削分直削和旋削两种。削主要用于加工根茎类蔬菜和水果，如腰鼓马铃薯、胡萝卜、马铃薯等。

任务2　植物性原料的初加工

实例❶　洋葱的初加工

①将洋葱洗净，切除根部及黄色的外皮，对切成两半。

②横切面朝下，用指尖按压住洋葱，刀顺着洋葱纤维垂直切，从一端到另一端切片，不切断根部。

③将洋葱朝左边旋转90°，握住刀从下往上横片3～4刀，直到接近根部。

④保持洋葱位置不变，从前往后垂直下刀，将洋葱切碎，直到切到根部为止。

⑤切末时，用左手按住刀的刀背前端作为支点，双手配合上下移动刀柄，将整体切得更细。

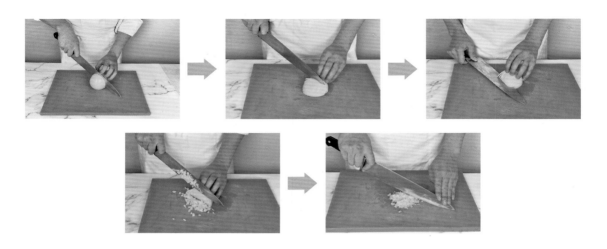

实例❷ 西芹的初加工

①用刀切除西芹根部。
②用清水清洗叶柄。
③用刮皮刀刮去表面粗老表皮。
④根据烹调要求，加工成合适的规格。

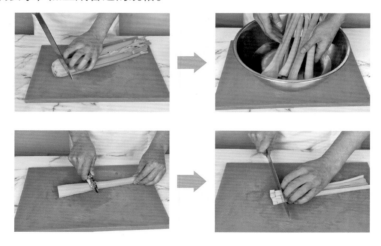

实例❸ 胡萝卜的初加工

[切片]

①将胡萝卜洗干净，用削皮刀削去外皮。
②将胡萝卜切成长约5 cm的段，并切去四边呈长方体。
③切成厚约0.2 cm的片。
④切片的成品展示。

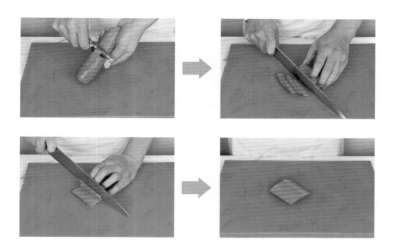

[切丝]

①以上例为基础，将切好的片排列整齐。

②将刀的前端往前推并施加压力，切成宽约0.2 cm的丝，逐一切完。

③切丝的成品展示。

[切粒]

①以上例为基础，将切好的丝摆放整齐。

②左手五指并拢压住胡萝卜丝，将刀的前端往前推并施加压力，切成边长约0.2 cm见方的粒，逐一切完。

③切粒的成品展示。

[切丁]

①将胡萝卜洗干净，用削皮刀削去外皮。

②将胡萝卜切成长约5 cm的段，并切去四边呈长方体。

③将长方体胡萝卜切成厚约2 cm的片。

④将胡萝卜片切成边长约2 cm见方的条。

⑤将条切成边长约2 cm见方的丁。

⑥切丁的成品展示。

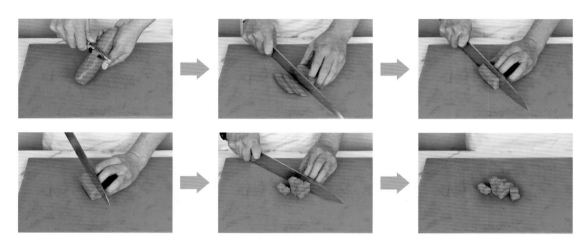

[橄榄形胡萝卜]

①将胡萝卜洗干净，切成长约5 cm的段。

②用小刀从胡萝卜一端切面圆点起刀，呈弧线削至另一端切面圆点。

③依次削出5~7个弧面，削成中间粗两头小的橄榄形。

④橄榄形胡萝卜的成品展示。

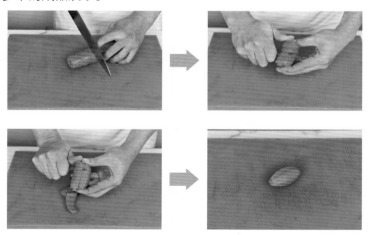

实例❹　荷兰芹的初加工

①将荷兰芹洗净，择下叶子。

②将叶子握成球形。

③利用大刀切碎。

④右手握住刀柄，左手指腹压住刀背前端，双手配合，使刀上下移动，把荷兰芹切得更碎。

⑤将切碎的荷兰芹放于干净的毛巾上。

⑥收拢毛巾包住荷兰芹碎，左手捏住球状毛巾，放在水龙头下，洗去多余的绿色汁液。

⑦拧干，摊开毛巾。

⑧将脱水后的荷兰芹碎放入碗，备用。

⑨荷兰芹碎的成品展示。

实例❺　生菜的初加工

①将生菜叶分开。

②用手撕成小块，撕的时候切记不要用力紧捏。

③将撕碎的生菜叶放入装有清水的盆中轻柔地清洗。

④将叶子捞起，除去表面多余的水。

⑤移入碗中备用。

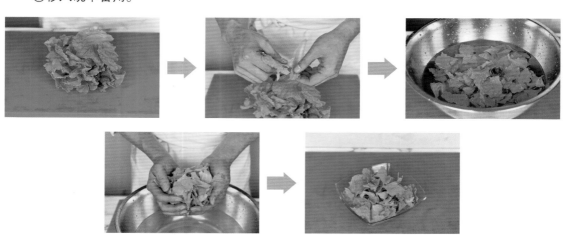

实例 **6**　马铃薯的初加工

1）薯片（参考胡萝卜切片）

①将马铃薯洗净，用削皮刀削去外皮。

②将马铃薯切成厚约0.2 cm的薄片。

2）沃夫片

①将马铃薯洗净，用削皮刀削去外皮。

②用沃夫片刀切成厚约0.2 cm的片。

③旋转60°～90°，切成中间穿孔的沃夫片。

3）细丝（参考胡萝卜切丝）

①将马铃薯洗净，用削皮刀削去外皮。

②将马铃薯切成长方形，然后切成厚约0.1 cm的薄片。

③将薄片排列整齐，切成宽约0.1 cm的细丝。

4）薯条（参考胡萝卜切条）

①将马铃薯洗净，用削皮刀削去外皮。

②将马铃薯切成长方形，然后切成厚约0.5 cm的片。

③把片排列整齐，切成宽约0.5 cm的长条。

5）橄榄形马铃薯（参考橄榄形胡萝卜）

①将马铃薯洗净，用削皮刀削去外皮。

②切去两头，留5～6 cm的中段。

③顺长切成4等块。

④以马铃薯块直角为基准，用小刀从一端起刀，呈弧线削至另一端。

⑤依次削出5～7个弧面，呈中间粗两头小的橄榄形。

实例 **7**　番茄的初加工

①用小刀将番茄蒂挖除。

②在底部用小刀划十字。

③锅中将水煮沸，放入番茄，烫煮20 s捞起。

④将番茄放入冷水中冷却。

⑤用小刀将番茄皮剥除。

⑥将番茄掰开（若加工量大，可用刀加工）。

⑦抠出多余的籽。

⑧用刀切成小丁。

⑨小丁的成品展示。

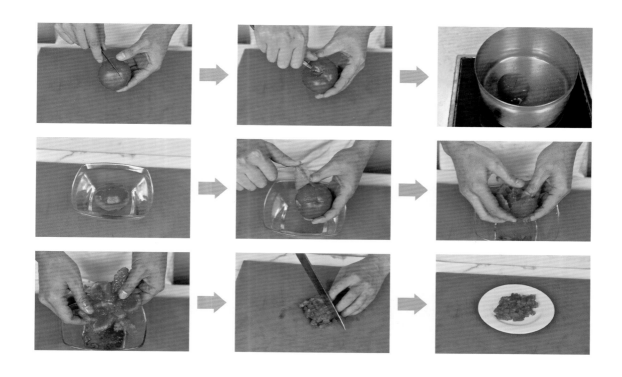

实例❽ 牛油果的初加工

①用刀纵向切牛油果，碰到硬核后暂停用力，继续顺时针转一圈，以果核为轴心将四周果肉切开。

②双手握住牛油果反方向旋转。

③轻轻掰成两半。

④用西餐刀根部轻砍果核，使刀陷入果核，用力旋转西餐刀，取出果核。

⑤剥除果肉和果皮。

⑥备用。根据需要加工成合适的规格。

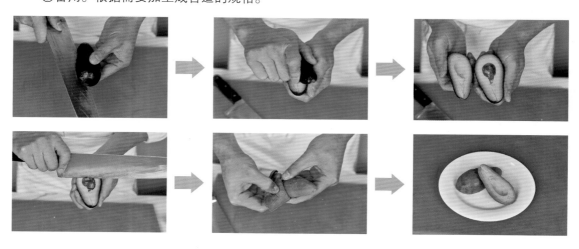

实例❾　西蓝花的初加工

①根据用途，切除西蓝花粗大主茎。
②将西蓝花分切成适当大小。
③放入装水的盆中迅速清洗。
④捞出沥干，备用。

实例❿　荷兰豆的初加工

①掐住荷兰豆头尾处任意一端的茎，顺拉到另一端即可完整地去除一边的茎。用同样方法去除另一边的茎。
②冷水清洗。
③捞出沥干，备用。

实例⓫　蘑菇的初加工

[蘑菇块]
①将蘑菇快速清洗，用干净的毛巾擦拭表面。
②切除蘑菇柄。
③将蘑菇平放于砧板上，切成小块。

[蘑菇花]

①选取形状较圆的蘑菇。

②左手捏住蘑菇，右手握住刀柄，食指第二关节贴近蘑菇，从顶部圆心位置起刀。

③左手向左前方外翻，右手反方向运刀，完成第一道花纹。

④左手逆时针方向旋转，同样从蘑菇顶部圆心位置起刀，削出第二道花纹。

⑤用同样的方法完成余下的每一道花纹。

⑥蘑菇花的成品展示。

实例 12　甜椒的初加工

①五指并拢压住甜椒，切除甜椒蒂头。

②用同样的方法切除尾部。

③水平切开甜椒。

④用平刀法片去内部瓤和籽。

⑤将甜椒片展平，整理备用。

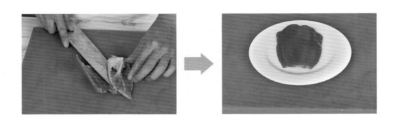

任务3 　动物性原料的初加工

实例❶　牛腰柳的初加工

①取一条带筋牛腰柳。
②用刀尖挑起牛腰柳表面白色的筋膜。
③顺着筋膜纤维方向，往前用刀。
④剔净牛腰柳所有白色筋膜。
⑤根据粗细分切成3段。
⑥根据需要进一步加工。

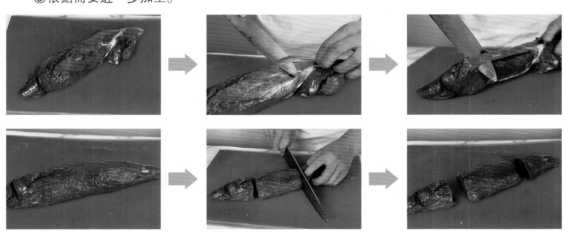

实例❷　羊排的初加工

①选取一块法式小羊排。
②从肋骨上切下一块带有2根肋骨的羊排。
③剔除羊排上的多余肥肉。
④刮除肋骨上的白色筋膜。
⑤羊排的成品展示。

实例❸ 捆扎整鸡

①将鸡外表及腹内清理干净，切除鸡脚及头颈。
②摘除鸡颈部肥油。
③摘除鸡腹部肥油。
④鸡胸朝下，取出鸡胸V骨。
⑤用棉线扎紧鸡尖。
⑥用棉线交叉缠绕鸡腿关节。
⑦将鸡翅尖反别，压在鸡翅上，并从鸡身两侧拉紧至颈骨根部。
⑧将棉线在颈骨根部系紧。
⑨捆扎后的鸡胸脯饱满有形。

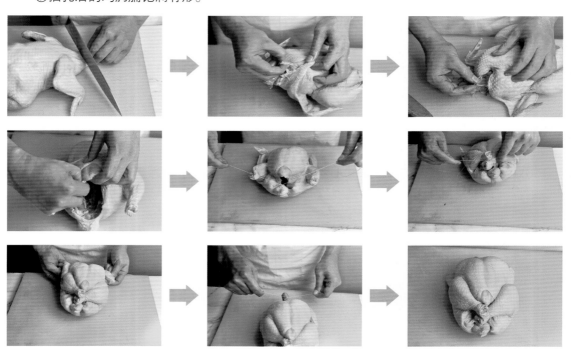

实例❹　整鸡分档

①将去脚去颈的鸡放在砧板上，用刀从前往后纵向划开背部。
②旋转90°沿背部横向划开鸡背。
③鸡胸朝上，用刀分离鸡腿和鸡胸。
④沿胸骨将鸡胸肉切开。
⑤露出胸骨。
⑥顺着胸骨剔下鸡胸肉，并取下整块鸡胸与鸡翅。两边处理方法相同，取鸡腿手法相似。
⑦全鸡分成4大块。
⑧全鸡分成8大块。

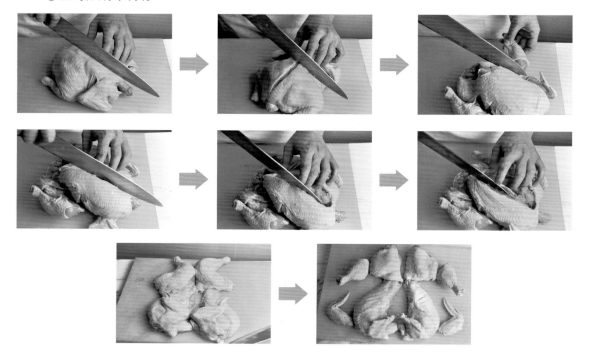

实例❺　鸡排的初加工

①选一块带翅根的鸡胸，将翅根上的鸡肉切开并切除。用刀尖刮净翅根骨头上的筋膜。
②加工好的鸡排备用。

 任务4 水产类原料的初加工

实例❶ 虾的初加工

①选取需要加工的虾。
②双手抓住虾，扭转虾头并轻轻拉开虾头与虾身。
③将虾头和背部虾线一起拔出。
④用手指捏住虾躯干两侧，剥除躯壳，留下虾尾。
⑤用刀划开虾背。
⑥清洗虾线并盛放备用。

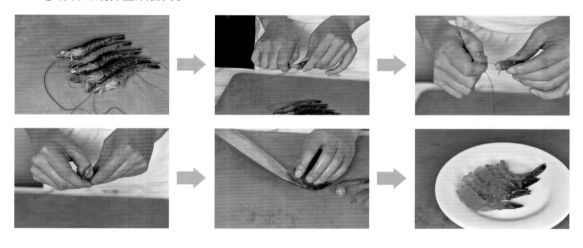

实例❷ 鲈鱼的初加工

①刮去鲈鱼鱼鳞。
②划开鱼腹。
③取出内脏。
④从鳃部切一刀。
⑤沿着鱼背骨切开。
⑥从鱼背骨沿肋骨进刀。
⑦取下鱼肉，另一侧处理方法相同。
⑧盛放备用。

实例❸ 鱿鱼的初加工

①用手分离鱿鱼连接胴体和内脏的部分，然后将腕足和内脏一起拔出。腕足和头部另作他用。

②拔出胴体内侧软骨。

③将手指伸入胴体和肉鳍之间，从胴体上扯下肉鳍。用力将胴体的皮连同肉鳍一起剥下。

④剥除胴体和肉鳍的皮。

⑤清洗干净，盛放备用。

实例❹ 牡蛎的初加工

①洗净牡蛎外壳。

②将开口刀沿壳轴边缝隙插入。为避免受伤，建议用湿毛巾包裹。

③沿着壳的缝隙，将刀与牡蛎呈反方向用力扭动，扩大开口。

④将刀伸入贝柱下方，让肉与壳分离，掀开较平的壳并弃之。

⑤将带汁液的牡蛎盛放备用。

实例❺ 扇贝的初加工

①洗净扇贝表面。

②将扇贝开口朝外，朝上拿着壳的平坦面，沿上壳伸入抹刀。为了不让贝柱残留在壳上，要从上壳取下贝柱。

③打开壳，剥下上壳，并将抹刀伸入外套膜下方，让贝柱、外套膜、内脏与壳分离，丢弃内脏。

④洗净扇贝肉，盛放备用。

项目 3

西餐冷菜

>>>

任务1 冷菜基础知识介绍

[学习重点]

西餐各种冷开胃菜和沙拉的制作方法。

[教学目的]

学习、掌握西餐冷开胃菜和沙拉的基本制作方法。

概念：西餐冷菜是西餐非常重要的组成部分，西餐冷菜主要以冷开胃菜和沙拉为主，通常情况下用来作为正餐的第一道菜，一些冷开胃菜和沙拉也可以作为第一道主菜，常见于西餐中的冷餐酒会、鸡尾酒会。

3.1.1 西餐冷菜的特点及分类

1）西餐冷菜的特点

①口味：以酸、咸、辛辣为主，能开胃爽口，增加食欲。

②外观：色调清新、和谐，造型美观，令人赏心悦目，诱人产生食欲。

③形状：小块、易食。

④时间：可提前制作，供应迅速。

2）西餐冷菜的分类

①冷开胃菜：胶冻类、批类、冷肉类和其他开胃小吃等。

②沙拉：主菜沙拉和开胃沙拉。

3.1.2 西餐冷菜制作基本要求

①冷菜是直接入口的菜肴，从制作到拼摆装盘的每一个环节都要求清洁卫生，以防有害物质污染。

②选料要讲究，各种蔬菜、海鲜、禽肉、蛋类等都要求质地新鲜、外观完好，对于生的原料还要进行消毒处理。

③冷菜制作一般应选用熔点低的植物油，而不要过多地使用动物油，以免油脂凝结影响菜肴品质。

④制作好的冷菜应凉至5～8 ℃后冷藏保存。冷菜在切配后应尽快食用，食用时温度以10～12 ℃为宜。

3.1.3 西餐冷菜制作注意事项

冷菜制作过程中的注意事项如下。

①刀工：原料光洁整齐、简洁；切配精细，拼摆整齐。

②调味：味道酸、甜、苦、辣、咸、烟熏；口感脆、生。

③装盘：造型美观、色调和谐、主次分明、清洁卫生。

④卫生：原料卫生、用具卫生、环境卫生。

 **任务2　冷调味汁**

[学习重点]

西餐各种基础冷调味汁的制作方法。

[教学目的]

了解冷调味汁的特点、原料与种类，初步掌握冷调味汁的制作方法，熟悉冷调味汁的制作要求，并能够在实际工作中熟练应用。

概念：冷调味汁（Cold Sauce and Dressing）是用于西餐沙拉调味的酱汁，人们通常将它称为少司或沙拉汁，常由植物油（主要是橄榄油和没有异味的精炼植物油）、鸡蛋、酸性原料（醋或柠檬汁）、法式芥末酱、盐、胡椒、糖等原料通过手工或机器搅拌制作而成，口味以酸为主。

作用：冷调味汁在西餐冷菜中起着非常重要的作用，可使沙拉更加美味、可口、润滑。

分类：冷调味汁有很多品种，但是根据其特点，西餐冷菜中常用的基础冷调味汁可分为如下几种。

①油醋汁：油和醋沙拉汁（大部分是不太稠的），如法式油醋汁、意大利香草油醋汁等。

②马乃司：用蛋黄酱调成的沙拉酱（大部分是稠的），如千岛汁、塔塔汁等。

③熟料沙拉汁：看起来类似于蛋黄酱汁，但是比它更辛辣，有一点儿油或者没有油，如芒果莎莎、牛油果莎莎等。

还有一些沙拉汁配料含有酸乳、酸奶和果汁。许多这样的沙拉汁是专门用于水果沙拉或低热量食物的，如水果少司、巧克力少司等。

实例❶　马乃司（Mayonnaise）

[菜肴知识导入/Describe]

马乃司又名"美乃滋""蛋黄酱"，是少司的一种，因为在其基础上衍生了其他种类的沙

司，所以马乃司又被认为是一种基础少司。马乃司是由色拉油（常用橄榄油、纯净无异味的植物油）、鸡蛋黄（卵磷脂起乳化作用）、酸性原料（果醋、柠檬汁）和盐、胡椒粉等调料通过搅拌制成的一种浅黄色、比较浓稠的沙拉酱。它口感细腻，用途广泛，可以根据菜肴需要灵活变化，既方便制作，又方便食用。

要了解马乃司的特点、原料与种类，掌握马乃司的制作方法及演变，并在实际工作岗位中熟练应用。

[特别提示/Tip]

①鸡蛋和色拉油要选择新鲜的并在常温下使用。

②醋：不同种类的醋酸度不一样，一般先加一半的量试味，之后再增减用量。

③油：要一点一点地加入，并搅拌均匀。

④搅拌：朝一个方向搅拌。

⑤碗：尽量选择玻璃器皿或者瓷器。

[制作原料/Ingredient]

主料：鸡蛋黄2个、色拉油400 g。

辅料：红酒醋25 mL、法式芥末酱3 g、盐3 g、柠檬汁15 mL。

[工具/Tool]

电子秤、陶瓷碗/玻璃碗、不锈钢托盘、餐勺、料理碗、酱汁碟（盅）、厨房用毛巾、蛋抽、保鲜膜。

[制作步骤/Method]

①准备好各种原料。

②由于盐很难在油中溶解，先加一小匙红酒醋（8 mL）和盐混合均匀。

③把蛋黄放到陶瓷碗中打匀。

④把所有的配料都放在碗中打匀。

⑤刚开始搅拌时非常慢地，几乎是一滴一滴地加色拉油，当乳化剂开始形成后，可稍快一点。

⑥当变得稍稠时，用醋将蛋黄酱稀释。

⑦慢慢加入剩下的色拉油，间断地加入剩下的红酒醋。

⑧通过加入少量柠檬汁来调节酸度及黏度。

⑨将制作完成的马乃司装入酱汁碟备用。

[成品要求/Demand]

①颜色浅黄、有光泽，呈均匀的稠糊状，表面无浮油。

②口味清香，具有适口的酸、咸味，口感绵软细腻。

③成品安全卫生。

[相关知识/Knowledge]

①存放在5 ℃左右的冷藏箱中。

②存放时要加盖，防止表面水分蒸发而脱油。

③取用时用无油器具，以防脱油。

④避免强烈震动，以防脱油。

小提示：如果用量大，可用搅拌机搅制。

实例❷　千岛汁（Thousand Islands Dressing）

[菜肴知识导入/Describe]

　　千岛汁是以在美国和加拿大交界的一处风景美丽的旅游地——千岛湖而命名的。它是一款调味汁，口味酸甜，是在马乃司的基础上衍生出来的一种酱汁，由马乃司、番茄少司、洋葱碎、酸黄瓜碎等调制而成。自制的千岛汁口感浓、香、滑。

[特别提示/Tip]

清洗所有原料及餐具—制作酱汁—装盘保存。

[制作原料/Ingredient]

主料：马乃司250 g、番茄少司125 g。
辅料：鸡蛋2个、白洋葱10 g、酸黄瓜20 g、青椒10 g、荷兰芹5 g。
调料：白兰地、柠檬汁、盐、糖、胡椒粉适量。

[工具/Tool]

电子秤、陶瓷碗/玻璃碗、不锈钢托盘、餐勺、料理碗、酱汁碟（盅）、厨房用毛巾、蛋抽、砧板、厨师刀。

[制作步骤/Method]

①将各种原料清洗干净并沥干。

②将带壳的鸡蛋放入水中，加热至沸腾后煮12分钟，冷却备用。

③在煮鸡蛋的同时将白洋葱去皮、青椒去籽，切碎备用。

④荷兰芹、酸黄瓜切碎备用。

⑤将煮熟的鸡蛋分开蛋黄和蛋白后分别切碎。

⑥把所有备好的配料放在碗中拌匀。

⑦用柠檬汁、盐和胡椒粉调味。

⑧千岛汁制作完成。

⑨将制作好的千岛汁装入容器中，放入冰箱冷藏备用。

[成品要求/Demand]

①颜色呈粉红色，有光泽，呈均匀的稠糊状。

②口味清香，具有适口的酸、咸味。

③成品安全卫生。

[相关知识/Knowledge]

千岛汁适合制作各种蔬菜、火腿及海鲜沙拉，做鸡肉卷或者三文鱼玉米粒沙拉时也可使用。

实例❸ 法国汁（French Dressing）

[菜肴知识导入/Describe]

法国汁是在马乃司的基础上衍生出来的一种酱汁，由马乃司、法式芥末酱、橄榄油、大蒜、辣酱油、柠檬等调制而成，有淡淡的芥末味，是一款比较有名的西式调味汁。法国汁通常

用于西式沙拉的调味，因为口味清淡，果蔬类沙拉用得比较多。此外，焗烤三文鱼、焗烤牛排等焗烤类热菜也经常将法国汁作为浇汁。

清洗所有原料及餐具—制作酱汁—装盘保存。

主料：蛋黄酱100 g。
辅料：法式芥末酱40 g、橄榄油20 mL、白洋葱30 g、大蒜20 g、青椒10 g。
调料：辣酱油（喼汁）10 mL，苹果醋25 mL，柠檬1个，盐、胡椒粉适量。

电子秤、陶瓷碗/玻璃碗、不锈钢托盘、餐勺、料理碗、酱汁碟（盅）、厨房用毛巾、蛋抽、砧板、厨师刀。

①将各种原料清洗干净并沥干。
②白洋葱去皮切末，备用。
③青椒去籽，切碎，备用。
④大蒜切碎，备用。
⑤柠檬挤汁去籽，备用。
⑥把所有备好的配料放在碗中拌匀。

⑦用盐和胡椒粉调味。

⑧酱汁应该是流动的，如果太稠，不够酸，可加入一些柠檬汁或苹果醋稀释；如果过酸，用冷汤稀释。

⑨将制作好的法国汁装入容器中，放进冰箱冷藏备用。

[成品要求/Demand]

①颜色呈白色，有光泽，呈均匀的稠糊状。

②具有适口的酸、辣味。

③成品安全卫生。

[相关知识/Knowledge]

法国汁通常用于果蔬类沙拉，比如法式沙拉、土豆沙拉等，同时也适用于焗烤三文鱼、焗烤牛排等焗烤类热菜。

实例❹　挞挞汁（Tartar Sauce）

[菜肴知识导入/Describe]

挞挞汁又叫作鞑靼汁，是一款以马乃司为基础的调味汁，其主料与千岛汁一致，由马乃司、新鲜刀草、洋葱碎、酸青瓜碎等调制而成。其色泽呈白色，略带黑点，特点是口味酸咸、口感滑嫩，是一款比较有名的西式调味汁。

[特别提示/Tip]

清洗所有原料及餐具—制作酱汁—装盘保存。

[制作原料/Ingredient]

主料：蛋黄酱150 g。

辅料：白洋葱30 g、鸡蛋1个、酸黄瓜40 g、新鲜刁草20 g。

调料：白酒醋25 mL，柠檬汁、盐、胡椒粉适量。

[工具/Tool]

电子秤、陶瓷碗/玻璃碗、不锈钢托盘、餐勺、料理碗、酱汁碟（盅）、厨房用毛巾、蛋抽、砧板、厨师刀。

[制作步骤/Method]

①将各种原料清洗干净并沥干。

②将带壳的鸡蛋放入水中，加热至沸腾后煮12 min，冷却备用。

③在煮鸡蛋的同时将白洋葱去皮，切碎备用。

④将新鲜刁草、酸黄瓜切碎，备用。

⑤将煮熟的鸡蛋分开蛋黄和蛋白后分别切碎。

⑥把所有备好的配料放在碗中拌匀。

⑦用柠檬汁、盐和胡椒粉调味。

⑧将制作好的挞挞汁装入容器中，放入冰箱冷藏备用。

[成品要求/Demand]

①颜色呈棕色，有光泽，呈均匀的稠糊状。

②具有适口的酸、辣味。

③成品安全卫生。

[相关知识/Knowledge]

挞挞汁适用于用面粉、蛋汁、面包糠炸出的食物，比如英式炸鱼条、炸鸡柳等。

实例**❺**　凯撒汁（Caesar Sauce）

[菜肴知识导入/Describe]

凯撒汁是一款特定的沙拉汁，一般只在西式的凯撒沙拉中作为调味汁使用。它的主要原料也是蛋黄酱，辅料有银鱼柳、奶酪碎、蒜碎等。特点是口味咸鲜，有奶酪味，口感独特。

[特别提示/Tip]

清洗所有原料及餐具—制作酱汁—装盘保存。

[制作原料/Ingredient]

主料：蛋黄酱150 g。

辅料：白洋葱60 g、大蒜60 g、银鱼柳60 g、培根50 g、巴马臣芝士45 g。

调料：柠檬汁、盐、胡椒粉适量。

[工具/Tool]

电子秤、陶瓷碗/玻璃碗、不锈钢托盘、餐勺、料理碗、酱汁碟（盅）、厨房用毛巾、蛋抽、砧板、厨师刀。

[制作步骤/Method]

①将各种原料清洗干净并沥干。

②培根切碎、烘干或者炒制酥脆。

③将炒好的培根放在吸油纸上吸干油。

④将大蒜压成蒜蓉，然后将蒜碎用清水浸泡一下，捞出后吸干水分，将银鱼柳洗净，切碎，将白洋葱去皮、切碎。

⑤准备好配料。

⑥将蛋黄酱、白洋葱碎、蒜碎、银鱼柳、培根碎、巴马臣芝士放在碗中拌匀。

⑦用柠檬汁、盐和胡椒粉调味。

⑧用蛋抽将所有调料混合均匀。

⑨将制作好的凯撒汁装入容器中，放进冰箱冷藏备用。

[成品要求/Demand]

①颜色呈白色，有光泽，呈均匀的稠糊状。

②口味咸鲜，奶酪味突出。

③成品安全卫生。

[相关知识/Knowledge]

凯撒汁一般用于凯撒沙拉中。

实例❻ 基础油醋汁（Basic Vinaigrette）

[菜肴知识导入/Describe]

基础油醋汁又名法国汁（Basic French Dressing）、法国沙拉酱、醋油少司，是西餐冷菜制作中最常用、最重要的基础冷调味汁之一，传统的法国油醋汁的主要特点是以酸咸味为主，颜色呈乳白色，稠度低（实际上呈半流体状）。用不同种类的醋和油会呈现不同的风味，加入香草和蔬菜有更多变化。它可以演变出意大利汁、罗勒汁、薄荷汁等，用于搭配不同的西餐冷菜沙拉和开胃菜肴，在西餐冷菜制作中占有举足轻重的地位。因此，要了解基础油醋汁的特点、原料与种类，掌握基础油醋汁的制作方法及演变，并在实际工作岗位中熟练应用。

[特别提示/Tip]

油：橄榄油、色拉油（威臣油）。

酸：苹果醋、柠檬汁、巴萨米克醋。

甜：蜂蜜、砂糖。

咸：酱油、盐。

香：百里香、迷迭香、鼠尾草、松仁。

辛：黑胡椒、蒜泥、洋葱碎、芥末。

[制作原料/Ingredient]

主料：橄榄油300 g、葡萄酒醋100 g、法式芥末酱20 g。

调料：盐、胡椒粉适量。

[工具/Tool]

电子秤、陶瓷碗/玻璃碗、不锈钢托盘、餐勺、料理碗、酱汁碟（盅）、厨房用毛巾、蛋抽、砧板。

[制作步骤/Method]

①准备好所有原料。

②在碗底铺一块摩擦力较强的毛巾，操作起来会更加方便。

③将盐、胡椒粉、葡萄酒醋、法式芥末放入碗中，用蛋抽均匀混合，使盐溶化。因盐很难溶解在油中，故事先用葡萄酒醋将盐溶化。

④边用蛋抽搅拌，边一点一点地加入橄榄油，使酱汁逐渐呈乳状。与马乃司不同的是，基础油醋汁中没有加入蛋黄，所以其乳化状态并不稳定，但是若能将油一点一点地加入，即可形成乳状物。

⑤确认基础油醋汁的味道，用盐和胡椒粉调味。

⑥由于基础油醋汁冷后味会减弱，油的黏性也会增加，因此通常将制作完成的基础油醋汁放在常温下保存。

[成品要求/Demand]

①颜色呈白色，有光泽，呈均匀的稠糊状。

②口味咸鲜，奶酪味突出。

③成品安全卫生。

[相关知识/Knowledge]

在基础油醋汁中，醋和油的比例一般为1∶3或1∶4。不过因为使用的醋酸度不同，应适量调整油的比例。基础油醋汁中如果咸味不足，酸味将更加突出。所以要掌握咸味和酸味之间的平衡。基础油醋汁普遍用在蔬菜沙拉和混合沙拉中，还可以用在各式西式凉菜以及贝类菜肴中。此外，可以用色拉油替代部分或全部橄榄油。

实例❼ 意大利油醋汁（Italian Vinaigrette）

[菜肴知识导入/Describe]

意大利油醋汁又称红油醋汁，是西餐各式沙拉的配料之一。这种酱汁用于搭配不同的西餐冷菜沙拉和开胃菜肴，在西餐冷菜制作中占有举足轻重的地位。

[特别提示/Tip]

意大利油醋汁中的醋可以用意大利香脂醋、红酒醋、白酒醋，也可以用苹果醋等果醋。

[制作原料/Ingredient]

主料：橄榄油200 g、红酒醋60 g。

辅料：洋葱70 g、大蒜5 g、鲜法香15 g、干阿里根奴10 g。

调料：柠檬汁、盐、胡椒粉适量。

[工具/Tool]

电子秤、陶瓷碗/玻璃碗、不锈钢托盘、餐勺、料理碗、酱汁碟（盅）、厨房用毛巾、蛋抽、砧板、搅拌机。

[制作步骤/Method]

①准备好所有原料。

②在碗底铺一块摩擦力较强的毛巾，操作起来会更加方便。

③将所有原料放入容器中。

④将所有原料搅拌大约15 s直到完全混合。

⑤确认意大利油醋汁的味道，用盐和胡椒粉调味。

⑥将制作完成的意大利油醋汁放入酱汁碟中。

[成品要求/Demand]

①口味咸鲜。

②成品安全卫生。

[相关知识/Knowledge]

香草醋汁：橄榄油、葡萄酒醋、盐、胡椒粉、芥末酱、鲜法香碎、百里香/干罗勒叶/细香葱碎。

挪威少司：橄榄油、红葡萄酒醋、盐、胡椒粉、洋葱泥、鲜法香碎、蒜泥、银鱼柳碎、熟蛋黄碎。

酸辣少司：橄榄油、红葡萄酒醋、盐、胡椒粉、洋葱泥、鲜法香碎、蒜泥、水瓜柳碎、百里香碎。

 任务3　沙　拉

[学习重点]

西餐各种基础沙拉的制作方法。

[教学目的]

了解沙拉的特点、原料与种类，初步掌握沙拉的制作方法，熟悉沙拉的制作要求，并能够在实际工作岗位中熟练应用。

概念：将各种凉透了的熟食原料或能够直接食用的生食原料加工成较小的形状后，加入调味品或浇上各种冷调味汁或冷少司拌制而成的菜肴。

分类：开胃沙拉（Appetizer Salad），又称头盘沙拉、什锦沙拉。作为正餐的第一道菜，通常由多种食物混合调制而成，口味以咸酸、辛辣为主，量少而精；主菜沙拉（Main Dish Salad），通常以海鲜、肉类、蔬菜等为主，可作为主菜食用，口味多样，量较大。

适用范围：午餐、晚餐、正餐、冷餐酒会、鸡尾酒会等。

制作要求：选料广泛（各种蔬菜、水果、海鲜、禽蛋、肉类及熟制品）；用料新鲜，符合卫生指标要求。

特点：色彩鲜艳、外形美观、鲜嫩爽口、解腻开胃。

示例菜肴：什锦蔬菜沙拉（Mixed Vegetable Salad）、凯撒沙拉（Caesar Salad）、法式尼斯沙拉（Nicoise Salad）、华尔道夫沙拉（Waldorf Salad）、主厨沙拉（Chef's Salad）。

[知识延伸]

沙拉是英语"Salad"的译音，在我国北方习惯译为"沙拉"，在上海习惯译为"色拉"，

而在广州、香港一带习惯译为"沙律"。沙拉直译为汉语的意思就是泛指的凉拌菜。

实例❶ 什锦蔬菜沙拉（Mixed Vegetable Salad）

[菜肴知识导入/Describe]

　　什锦蔬菜沙拉在西餐中是一款常见的开胃沙拉，通常选用时令蔬菜，搭配上油醋汁、千岛汁等，其制作简捷，营养健康，基于健康饮食理念，深得人们喜爱。

[特别提示/Tip]

清洗所有原料及餐具—控水及制作酱汁—装盘成菜。

[制作原料/Ingredient]

　　主料：苦菊50 g、罗莎生菜50 g、西生菜50 g、樱桃萝卜100 g、黄瓜100 g、樱桃番茄3颗、红腰豆50 g、玉米粒30 g。

　　辅料：橄榄油120 g、意大利香脂醋40 g、柠檬1个、鲜法香碎、鲜百里香碎适量。

　　调料：盐、胡椒粉适量。

[工具/Tool]

　　菜板（礅）、陶瓷碗/玻璃碗、不锈钢托盘、餐勺、料理碗、酱汁碟（盅）、厨房用毛巾、蛋抽、保鲜膜、厨师刀。

[制作步骤/Method]

①准备好所用原料。

②将各种原料清洗干净，沥干。

③将樱桃萝卜切成薄片泡在清水中。

④将黄瓜去皮、切成薄片，将樱桃番茄去蒂，切成大小均匀的楔形块，将柠檬挤汁备用。

⑤将两种生菜撕成方便食用的块。

⑥制作油醋汁。将橄榄油和意大利香脂醋充分搅拌均匀后加入调料拌匀。

⑦将混合生菜拌匀，垫在盘底。

⑧装盘，在上面配上樱桃番茄块、樱桃萝卜片和黄瓜片，撒上玉米粒和红腰豆。

⑨配上油醋汁，菜品完成。

[成品要求/Demand]

①口味鲜香咸酸，脆嫩爽口。

②摆盘自然，安全卫生。

[相关知识/Knowledge]

　　油醋汁由意大利香脂醋和特级初榨橄榄油加上各种香料调制而成。一般现做现用，如放置时间较长，则使用前应先搅拌。

[菜肴变化/Extension]

　　菠菜沙拉：新鲜的菠菜清洗干净后拌入油醋汁，装饰培根碎、鸡蛋丁即可。

实例❷ 凯撒沙拉（Caesar Salad）

[菜肴知识导入/Describe]

凯撒沙拉是西餐中一款常见的开胃沙拉，通常由罗马生菜作为主料。

将罗马生菜择洗干净后用手掰成适宜入口大小的块。将法式芥末酱、盐、糖、银鱼柳、红酒醋和橄榄油放入干净的容器内搅制成稠糊，加入洋葱碎、蒜末和法香碎，搅拌均匀做成凯撒酱汁。凯撒沙拉制作简捷，营养健康，深得基于健康饮食理念的现代人们喜爱。

[特别提示/Tip]

清洗所有原料及餐具—控水及制作酱汁—装盘成菜。

[制作原料/Ingredient]

主料：罗马生菜150 g、银鱼柳50 g、巴马臣干酪100 g。

辅料：圣女果5颗、白吐司1片、培根2片、黄油100 g。

调料：蛋黄酱150 g、洋葱碎20 g、蒜碎20 g、银鱼柳20 g，鲜法香碎、盐、糖、胡椒粉适量。

[工具/Tool]

菜板（墩）、陶瓷碗/玻璃碗、不锈钢托盘、餐勺、料理碗、酱汁碟（盅）、厨房用毛巾、蛋抽、保鲜膜、厨房用纸、厨师刀、餐盘、菜夹。

[制作步骤/Method]

①准备好所需原料，将各种原料清洗干净，沥干。

②白吐司切除四边，切成边长为1 cm的方丁。

③培根切碎。

④在平底锅中加入黄油，放入面包丁炒香。

⑤将培根碎放入平底锅中炒香后用吸油纸吸去多余油脂。

⑥制作凯撒汁。将蛋黄酱、洋葱碎、蒜碎、银鱼柳、培根碎、巴马臣干酪放入碗中拌匀，撒上少许鲜法香碎，用盐、糖、胡椒粉调味。

⑦将圣女果去蒂，切成大小均匀的楔形块，再将罗马生菜切成方便食用的块，垫在盘底。

⑧在备好的生菜中加入调好的凯撒汁，搅拌均匀后装入盘中，撒上面包丁、圣女果块、培根碎。

⑨菜品制作完成。

[成品要求/Demand]

①口味鲜香咸酸，脆嫩爽口。

②摆盘自然，安全卫生。

罗马生菜类似于中国的结球生菜，只是在质感上没有结球生菜那么清爽。罗马生菜食法与结球生菜相似，洗净后可以直接拌食。如果大批量制作面包丁，则建议采用烤箱烤脆面包丁和培根后再进行加工。

鸡肉凯撒沙拉：在凯撒沙拉的基础上，搭配煎熟的鸡胸肉丁即可。

实例❸ 尼斯沙拉（Nicoise Salad）

尼斯沙拉是一道具有法国特色的组合沙拉，最初的尼斯沙拉只有番茄、橄榄和银鱼柳。到了19世纪，随着农业的发展，尼斯人在他们的沙拉里加入了越来越多的当季蔬菜，沙拉的色彩和营养也越来越丰富。发展到现在，尼斯沙拉已是非常养眼也非常健康的一款沙拉。原则上只使用应季蔬菜，但所加食材可以根据季节更改。鸡蛋、鱼肉、土豆、番茄、扁豆和橄榄是这款沙拉的经典搭配。制作方法并不复杂，但是原料的前期加工和烹制比较烦琐，要煮熟鸡蛋、土豆和扁豆，然后将原料切成丝在餐盘中摆放整齐，最后配上酱汁。

要求了解尼斯沙拉原料特点和加工方法，掌握制作方法和工艺，能够根据不同要求制作出不同的尼斯沙拉。

清洗所有原料及餐具—控水及制作酱汁—装盘成菜。

主料：扁豆200 g、土豆（腊质）100 g、圣女果100 g、青椒100 g、罗马生菜200 g。

辅料：黑橄榄30 g、银鱼柳20 g、罐头金枪鱼30 g、水瓜纽10 g、鸡蛋1个。

调料：橄榄油60 g，法式芥末酱10 g，意大利香脂醋20 g，法香碎20 g，平叶欧芹20 g，蒜碎10 g，盐、胡椒粉适量，糖可选。

菜板（墩）、陶瓷碗/玻璃碗、不锈钢托盘、餐勺、料理碗、酱汁碟（盅）、厨房用毛巾、蛋抽、保鲜膜、厨房用纸、厨师刀、餐盘、菜夹。

①准备好所需原料，将各种原料清洗干净，沥干。

②烧一锅水煮熟鸡蛋，水沸腾后煮12 min。

③将土豆放入盐水中煮，需保持土豆质脆，捞出沥干，冷却，去皮，切成小块。

④在盐水中将扁豆煮熟，捞出用凉水冲凉，沥干，切成长约5 cm的段，冷藏。

⑤将煮熟的鸡蛋切成4块，将青椒切丝，圣女果去蒂并切成大小均匀的楔形块，备用。

⑥将法式芥末酱、水瓜纽、蒜碎、盐、胡椒粉、意大利香脂醋搅拌均匀，然后慢慢加入橄榄油，混合，打匀，制成酱汁，最后加入法香碎。将酱汁充分搅拌均匀，装入酱汁盅即可。

⑦将制作完成的酱汁垫在盘底，依次放上罗马生菜、扁豆、土豆块、熟鸡蛋块、黑橄榄、银鱼柳、罐头金枪鱼。

⑧在菜上淋上少许酱汁，用平叶欧芹装饰。

⑨菜品制作完成。

[成品要求/Demand]

①口味鲜香咸酸，脆嫩爽口。

②摆盘自然，安全卫生。

[相关知识/Knowledge]

①土豆和扁豆一定要煮至熟透，不然有很大的食品安全隐患。

②酱汁最好最后淋上去，用餐时轻拌即可。

实例❹ 华尔道夫沙拉（Waldorf Salad）

[菜肴知识导入/Describe]

华尔道夫沙拉由纽约华尔道夫-阿斯托利亚饭店经理制作，在饭店开业的第一天就被列在饭店的菜谱上，并以饭店的名称命名，是典型的美国传统菜。华尔道夫沙拉是西餐冷菜厨房中较为典型的一种菜肴，它以苹果和芹菜为主料，配以核桃仁，用盐、胡椒粉和柠檬汁调味。还可以根据个人的口味将煮制或烤制的鸡肉加工成丝或块状放入拌制，装盘方式多样。

掌握华尔道夫沙拉的制作，特别是掌握华尔道夫沙拉的演变十分重要。

[特别提示/Tip]

清洗所有原料及餐具—控水及制作酱汁—装盘成菜。

[制作原料/Ingredient]

主料：苹果200 g、西芹200 g。

辅料：干核桃仁30 g、葡萄干20 g、罗马生菜100 g、法棍面包100 g、小豆苗10 g、柠檬汁10 g。

调料：马乃司酱50 g，盐、胡椒粉适量，糖可选。

[工具/Tool]

菜板（墩）、陶瓷碗/玻璃碗、不锈钢托盘、餐勺、料理碗、酱汁碟（盅）、厨房用毛巾、蛋抽、保鲜膜、厨房用纸、厨师刀、餐盘、菜夹、削皮刀、面包刀。

[制作步骤/Method]

①准备好所用原料，并将各种原料清洗干净，沥干。

②将法棍面包切成厚约0.3 cm的片。

③将干核桃仁和面包片放在烤盘里，在烤箱中用180 ℃烤5 min，上色成熟，取出冷却。

④将苹果切成约0.3 cm粗细的丝后，放入盐水中冷藏（水中也可滴入适当柠檬汁）。

⑤西芹去皮后，切成与苹果丝长短粗细相同的丝。

⑥准备好所有原料。

⑦将苹果丝捞出，控水，与西芹丝拌匀，加入盐、胡椒粉、柠檬汁和马乃司，拌匀。

⑧盘中用罗马生菜垫底，用勺子盛上拌好的沙拉，将干核桃仁与葡萄干撒在沙拉表面，用小豆苗做装饰即可。

⑨菜品制作完成。

[成品要求/Demand]

①主料粗细均匀。

②色泽清爽，味感脆爽微酸。

③摆盘自然，安全卫生。

[相关知识/Knowledge]

苹果切丝后，应马上拌上柠檬汁或者在盐水中浸泡，否则会褐变。

[菜肴变化/Extension]

可以在酱汁中添加打发的淡奶油混合使用，口味更佳；也可以在沙拉中增加煎熟或者煮熟的鸡胸肉。

实例❺ 主厨沙拉（Chef's Salad）

[菜肴知识导入/Describe]

主厨沙拉也称厨师沙拉，指由厨师推荐或其比较拿手的沙拉，通常是各种生菜配上切成条、片、块的烤牛肉、火腿、鸡肉、奶酪等主料，并配上土豆、番茄、黄瓜等应季蔬菜。

主厨沙拉的样式和品种都各不相同，若要制作不同款式的主厨沙拉，需要了解制作主厨沙拉的要求、原料及特点，并掌握主厨沙拉的制作方法。

[特别提示/Tip]

清洗所有原料及餐具—控水及制作酱汁—装盘成菜。

[制作原料/Ingredient]

主料：鸡胸肉1块。

辅料：火腿100 g、混合生菜300 g、奶酪 50 g、土豆1个、番茄2个、鸡蛋1个、苦菊少许。

调料：马乃司200 g，番茄少司200 g，千岛汁50 g，鸡蛋粒50 g，酸黄瓜粒50 g，柠檬汁10 g，法香碎20 g，青红椒粒各30 g，熟花生碎、白兰地、盐、胡椒粉适量 。

[工具/Tool]

菜板（墩）、陶瓷碗/玻璃碗、不锈钢托盘、餐勺、料理碗、酱汁碟（盅）、厨房用毛巾、蛋抽、保鲜膜、厨房用纸、厨师刀、餐盘、菜夹。

[制作步骤/Method]

①准备好所用原料，并将各种原料清洗干净。

②煮熟鸡胸肉、鸡蛋、土豆。

③将马乃司与番茄少司按照1∶1的比例混合搅拌均匀。

④依次加入白兰地、酸黄瓜粒、鸡蛋粒、熟花生碎、青红椒粒、法香碎、柠檬汁，放入适量盐和胡椒粉将所有原料搅拌均匀。

⑤将制作完成的酱汁备用。

⑥将熟鸡胸肉、土豆（去皮）、火腿、奶酪、番茄、苦菊、混合生菜切成大小均等的块或片，取一个熟鸡蛋一开四备用。

⑦原料摆盘。

⑧制作完成的菜品，配上千岛汁酱汁碟。

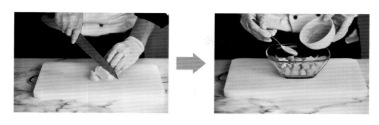

[成品要求/Demand]

①色泽丰富，自然和谐，形态饱满，造型自然美观。
②酱汁甜酸，层次分明。
③菜品安全卫生。

[相关知识/Knowledge]

①制作主厨沙拉时一般适宜用软奶酪和半干奶酪，比如法国的布里奶酪、意大利水牛芝士。
②沙拉制作过程中，主要原料形状要保持一致。
③主厨沙拉的酱汁一般选用相对浓稠的千岛汁、挞挞汁或法国汁。

[菜肴变化/Extension]

制作主厨沙拉时可将煮鸡肉替换成烤鸡肉、烤牛肉或者其他冷切肉。

任务4 其他冷菜

实例❶ 海鲜蔬菜啫喱冻（Seafood Vegetable in Aspic）

[菜肴知识导入/Describe]

鱼胶粉，英文名称为Gelatine，又称吉利丁粉，是提取自动物的一种蛋白质凝胶。鱼胶粉的用途非常广泛，不但可以用于制作果冻，还是制作慕斯蛋糕等各种甜点不可或缺的原料。

琼脂，英文名称为Agar，又名洋菜、冻粉、琼胶、石花胶等，是植物胶的一种，常由海产的麒麟菜、石花菜、江蓠等制成，是制作冻胶布丁、酸角糕的原料。

海鲜蔬菜啫喱冻由海鲜类原料和蔬菜类原料以及制作胶冻汁制作而成，其胶冻汁的原料主要是鱼胶粉和琼脂。

[制作原料/Ingredient]

主料：大虾200 g、鲜贝200 g。
辅料：西蓝花400 g、胡萝卜200 g、葱头200 g、鱼胶粉100 g、鸡蛋1个。
调料：干白葡萄酒50 mL，香叶、盐、胡椒粒适量。

[制作步骤/Method]

①将各种原料清洗干净。

②将西蓝花切成小朵，胡萝卜去皮后切成厚约0.5 cm的宽片，分别用盐水煮熟，用清水冲凉，然后用厨房用纸擦干。

③将鲜贝、大虾放入锅内，加水、胡萝卜、葱头、胡椒粒、盐、干白葡萄酒、香叶，煮熟，并在原汤内放凉。

④制作胶冻汁。将鱼胶粉放入锅中，加入煮料原汤（或将琼脂用冷水泡软后沥干，放入原汤中）；鸡蛋取蛋清，将蛋清略微搅至有泡沫时放入汤内；用小火加热至汤中的鱼胶粉完全溶解，杂质与蛋清结为一体时用纱布过滤即可。

⑤将鲜贝取出，横切成两片；将大虾剥去外壳，挑除虾线。

⑥将长方形模具擦净，在模具底部将西蓝花朵朝下摆满一层。然后往上依次摆上胡萝卜片、鲜贝、大虾、鲜贝、胡萝卜片，最后将西蓝花朝上摆满一层。将胶冻汁浇入模具。

⑦在模具上部盖上保鲜膜，然后压上重物，放入冰箱冷藏，使其完全凝结。

⑧将模具放入温水中浸泡数秒，抠出胶冻，将胶冻切成厚2 cm的片装盘装饰。

[成品要求/Demand]

①色泽鲜艳，晶莹透明，片状整齐不碎。

②口味鲜香微咸，清凉爽口，安全卫生。

[相关知识/Knowledge]

胶冻类菜肴的制作主要利用了蛋白质的凝胶作用。

[菜肴变化/Extension]

制作时可将主料换成猪肉、鸡肉、火腿等。

实例❷　冷烤牛外脊（Cold Roast Sirlion Beef）

[菜肴知识导入/Describe]

西餐冷菜中所用冷肉类食品一般可分为两部分：一部分是食品加工厂加工好的冷肉成品，西方各国的食品加工业比较发达，各种肉制品较多，常见的有各种火腿、肉肠、腌制或熏制的鱼类、肉类等，这些肉制品都可直接加工、切配食用。另一部分是由厨师加工制作的，主要是烤、焖的肉类、禽类等，其加工制作方法很多与热菜的加工制作方法相同，如冷烤牛肉、各种肉酱、冷肉卷、冷填馅鸡、冷填馅鱼等。

[制作原料/Ingredient]

主料：牛外脊肉500 g。

辅料：色拉油200 g、胡萝卜200 g、洋葱200 g、西芹200 g、苦菊。

少司：蛋黄酱50 g、辣根酱20 g、奶油20 g、芥末酱50 g、柠檬汁10 g、青葱适量。

调料：干红葡萄酒100 mL，盐、黑胡椒粒、胡椒粉适量。

[制作步骤/Method]

①将各种原料清洗干净。

②胡萝卜去皮切片、洋葱切丝、西芹斜刀切片，备用。

③将牛外脊肉去筋及多余的油脂，淋匀干红葡萄酒、盐、胡椒粉、黑胡椒粒，腌制调味。

④用棉线捆扎定型，放入烤盘。

⑤放入烤箱，先高温（230～250 ℃）烤大约30 min，然后根据情况降温至180～200 ℃。烤制过程中应随时往牛肉上浇色拉油。

⑥将牛肉烤至四五成熟或七八成熟。

⑦将蛋黄酱、辣根酱、奶油、芥末酱、柠檬汁、青葱、盐和胡椒粉均匀搅拌在一起。

⑧取出放凉，切成厚约0.5 m的片，配苦菊和辣根酱即可。

[成品要求/Demand]

①四周呈浅褐色，中间鲜红。

②口味鲜香微咸，安全卫生。

[相关知识/Knowledge]

牛外脊肉，在中文中一般音译为西冷、西冷牛肉，可称为西冷牛排（Sirloin Steak），也可简称为西冷，也有音译为萨朗或莎朗。Sirloin指的是牛腰椎棘突两侧的长条状肉，外连皮下脂肪（皮下脂肪往外即皮肤），内连腰椎。

[菜肴变化/Extension]

制作时可将主料换成猪肉、鸡肉等。

实例❸ 大虾头盘（Prawn Cocktail）

[菜肴知识导入/Describe]

在西式餐饮中，Cocktail一词不仅用于酒水（鸡尾酒），也常用于西餐的开胃菜。大虾头盘指以海鲜或水果为主要原料配以酸味或浓郁的调味酱汁制成的开胃菜。大虾头盘颜色鲜艳、造型独特，主要装在鸡尾玻璃酒杯里，有时也可以装在餐盘中。大虾头盘的调味汁可以放在菜肴的下面，也可以浇在菜肴的上面，还可以单独用小碗盛装，放在盛装大虾头盘餐盘的另一侧。大虾头盘可用由绿色的蔬菜或柠檬制成的花做装饰品。在自助餐中，大虾头盘常被摆放在碎冰块上以保持新鲜，它的制作时间常接近开餐的时间，以此保持其色泽、品质和卫生。大虾头盘是西餐冷菜厨房中非常重要、非常典型的菜肴，因此，要了解和掌握大虾头盘的原料、制作工艺和用途。

[制作原料/Ingredient]

主料：大虾300 g。

辅料：苦菊50 g、罗莎生菜50 g、西生菜50 g、樱桃番茄3颗、柠檬1个、香叶2片。

少司：马乃司250 g、番茄少司125 g、鸡蛋2个、洋葱10 g、酸黄瓜20 g、青椒10 g、荷兰芹5 g。

调料：白兰地、柠檬汁、盐、白糖、胡椒粉适量。

[制作步骤/Method]

①将各种原料清洗干净并进行初加工。
②少司锅内放入水和胡萝卜皮、洋葱丝、香叶、柠檬片、白兰地、胡椒粉和盐，煮沸。
③将大虾煮熟。
④取虾肉，剔除虾线。将冷却的虾肉加柠檬汁、盐和胡椒粉调味并搅拌均匀。
⑤准备酱汁的原料，制作千岛汁。
⑥将生菜叶洗净，沥干，撕成碎片。
⑦装盘，用酱汁垫底，放上混合生菜、樱桃番茄和虾肉，切柠檬角作为装饰。

[成品要求/Demand]

①虾肉鲜嫩，滑爽适口。
②摆盘自然，安全卫生。

[相关知识/Knowledge]

虾线（沙肠）是虾的消化道，里面存有脏物，因此一定要去干净。

[菜肴变化/Extension]

可以在主料中添加水果类原料丰富头盘的口感。
在制作鸡尾汁时要多放一些噢汁、柠檬汁和番茄少司，这样可以更好地去除海鲜的腥味，增加菜肴的风味。

实例❹　德式土豆沙拉（German Potato Salad）

[菜肴知识导入/Describe]

德式土豆沙拉是一款比较经典的西式菜品，在德国的私人派对上，总会受到人们的喜爱。因为通常很多客人都会为聚会带来用不同的方法烹制的土豆沙拉。有的人热衷于用肉汤和熏肉烹制沙拉，而有的人则更喜欢用大量蛋黄酱和酸黄瓜烹制土豆沙拉。

[制作原料/Ingredient]

主料：土豆1个。
辅料：洋葱100 g、培根2片、大蒜10 g、酸黄瓜50 g、法香20 g、芥末酱30 g、橄榄油100 g、鸡汤500 g。
少司：马乃司50 g。
调料：白葡萄酒醋30 g，盐、胡椒粉少许。

[制作步骤/Method]

①将各种原料清洗干净。
②准备一锅鸡清汤。
③烧一锅水，将土豆煮（蒸）至发软，但不要太软。

④在煮土豆的同时，将洋葱切丝，大蒜切碎，酸黄瓜切丁，培根切丝，法香切碎，备用。

⑤将煮熟的土豆放凉去皮，切成边长约0.5 cm见方的土豆丁。

⑥在平底锅中放入少许橄榄油，炒香培根丝、洋葱丝、蒜碎。

⑦放入土豆丁，调入盐、胡椒粉、白葡萄酒醋、芥末酱、鸡汤慢煮一会儿至土豆完全吸收汤汁。

⑧拌入马乃司、酸黄瓜丁、法香碎。

[成品要求/Demand]

①主料大小均匀，呈浅黄色。

②口味鲜香，酸咸味适口。

③菜品安全卫生。

[相关知识/Knowledge]

①冷食或热食均可。

②沙拉制作过程中，主要原料要保持形状一致。

③德式土豆沙拉的酱汁一般选用酱汁相对浓稠的千岛汁、挞挞汁、马乃司。

[菜肴变化/Extension]

此沙拉一般常用作烹制香肠的蘸料。

实例❺ 牛排藜麦沙拉（Beef Steak Quinoa Salad）

[菜肴知识导入/Describe]

藜麦属于藜科植物，藜科可食用的植物比较少见（菠菜和甜菜是藜科）。人们日常食用的谷物粮食如小麦、稻米、玉米、大麦、高粱等，基本都属于禾本科，而藜麦营养和食用价值超过多数谷物，这或许和它是独特的藜科植物有关。藜麦被国际营养学家们称为丢失的远古"营养黄金""超级谷物""未来食品"，还因被素食爱好者奉为"素食之王"而备受爱戴，是未来最具潜力的餐桌食品之一。

[制作原料/Ingredient]

主料：牛排100 g、藜麦200 g。

辅料：牛油果50 g、迷你胡萝卜50 g、西蓝花50 g。

少司：油醋汁。

调料：盐、胡椒粉、橄榄油、百里香、大蒜少许。

[制作步骤/Method]

①将各种原料清洗干净。

②牛排切成约1 cm见方的丁，加盐、胡椒粉、橄榄油、大蒜、百里香腌制入味。

③将藜麦用清水清洗干净，烧一锅水，煮（蒸）15 min后捞出放凉。

④牛油果切丁，迷你胡萝卜、西蓝花改刀成适当大小的块，焯水，沥干备用。

⑤将牛排丁放入锅内煎至刚熟，盛出放在吸油纸上。

⑥将蔬菜放在盘底，上面放上牛排丁和煮好的藜麦。

⑦拌淋上油醋汁。

[成品要求/Demand]

①主料大小均匀，色彩丰富。

②口味鲜香，酸咸味适口。

③菜品安全卫生。

[相关知识/Knowledge]

①在牛排藜麦沙拉制作过程中，主要原料要保持形状一致（藜麦除外）。

②由于此沙拉中有牛排，在制作油醋汁时可减少橄榄油的用量。

[菜肴变化/Extension]

牛排藜麦沙拉一般可将牛排换成其他蔬果类配料，去掉藜麦可变化成牛排沙拉。

[思考练习]

1. 名词解释

（1）西餐冷菜

（2）冷开胃菜

（3）沙拉

（4）基础油醋汁

（5）马乃司

2. 简答题

（1）马乃司怎么制作？可以演变出哪些少司？

（2）马乃司的储存方法有哪些？

（3）马乃司的鉴别标准有哪些？

（4）油醋汁的鉴别标准有哪些？

（5）西餐冷菜特点是什么？

（6）西餐冷菜制作的基本要求有哪些？

（7）制作西餐冷菜过程中的注意事项有哪些？

（8）西餐冷菜有哪些分类？

（9）沙拉有哪些特点及分类？

（10）尼斯沙拉中制作扁豆有哪些注意事项？

3. 思考题

（1）你知道胶冻汁的制作比例吗？用海鲜蔬菜啫喱冻的制作方法还可以制作哪些胶冻菜肴？请列举至少3种。

（2）请为某健身人士设计一款沙拉，并列举出菜名、原料名称、制作工艺流程和营养价值。

项目 4

西餐汤类

> > >

本项目内容是西餐烹调的基础，是一个职业西餐厨师必须掌握的重要技术。通过本项目的学习训练，掌握汤与少司制作的基本技能，为学习菜肴制作技术打好坚实的基础。本项目主要学习汤的制作工艺，按基础汤、汤分别进行讲解、示范和实训。围绕工作任务进行操作，练习制作常用基础汤、少司和汤类品种，熟练掌握汤与少司的制作工艺以及装饰技术。

任务1　汤类基础知识介绍

基础汤是专业厨房里最基本的液体材料，是以小牛的肉或骨、鸡骨架、鱼杂等主材料和香味蔬菜熬煮出来的汤汁，可作为各种酱汁及炖煮菜肴的汤底。

西餐烹调中少司、开胃汤、炖煮菜肴都会使用到基础汤。少司是菜肴口味的主角，汤又有"头道菜"之称，有开胃助消化的作用。其规格、质量的好坏，不但直接影响菜品的品质，甚至影响整餐的品质。

基础汤按其颜色可分为白色基础汤、布朗基础汤两类。按其制法不同又可分为白色基础汤、布朗基础汤、鱼基础汤、蔬菜基础汤四类。

（1）白色基础汤

白色基础汤（White Stock）包括白色牛骨汤、白色小牛肉汤、白色鸡基础汤和白色鱼基础汤等。白色基础汤主要用于制作白色汤菜（White Soup）、白少司（White Sauce）、白烩（Whie Stew）等菜肴。

（2）布朗基础汤（Brown Stock）

布朗基础汤又称褐色基础汤、棕色基础汤，包括布朗牛骨汤、布朗小牛肉汤、布朗鸡基础汤及布朗野味基础汤等。布朗基础汤主要用于制作红色汤（Soup）、布朗少司（Brown Sauce）、肉汁（Gravy）、红烩（Stew）等菜肴。

（3）鱼基础汤（Fish Stock）

鱼基础汤从色泽上看属白色基础汤，但鱼基础汤的制法与其他白色基础汤不同，所以单列为一类，主要用于制作鱼类菜肴。

（4）蔬菜基础汤（Vegetable Stock）

蔬菜基础汤又称青菜汤，又有白色蔬菜基础汤和布朗蔬菜基础汤之分，主要用于制作蔬菜、鱼类及海鲜菜肴。

表4.1 综合基础汤分类及对比一览表

基础汤大分类	基础汤小分类	做法概述	运 用
白色基础汤	白色牛骨汤	白色基础汤因为直接用生的材料或没有将材料炒成黄褐色，所以熬煮出来的颜色很浅	白色系酱汁和白色的炖煮菜肴用白色基础汤
	白色小牛肉汤		
	白色鸡基础汤		
布朗基础汤	布朗牛骨汤	褐色基础汤的做法是用烤箱烘烤或用平底锅炒作为材料的肉和骨头，等到呈现黄色才加以熬煮	褐色系酱汁和褐色的炖煮菜肴用褐色基础汤
	布朗小牛肉汤		
	布朗鸡基础汤		
	布朗野味基础汤		
鱼基础汤	白色鱼基础汤	鱼基础汤主要由白肉鱼和香味蔬菜一起短时间炖制而成。白色鱼基础汤所用鱼骨经焯水或生煮熬汤；褐色鱼基础汤需要煎上色后再熬汤	主要用于制作鱼类菜肴
	褐色鱼基础汤		
蔬菜基础汤	白色蔬菜基础汤	蔬菜基础汤主要以香味蔬菜等炖制出味而成。白色蔬菜基础汤经炒制但不上色；褐色蔬菜基础汤需要将香味蔬菜煎炒上色后再熬制成汤	主要用于制作蔬菜、鱼类及海鲜菜肴
	布朗蔬菜基础汤		

 **任务2 西餐常用基础汤**

实例❶ 布朗牛骨汤（Brown Stock）

[菜肴知识导入/Describe]

　　布朗牛骨汤也称布朗基础汤，是一种将牛的肉和骨头、香味蔬菜经过烤或炒上色处理后熬煮提炼的褐色汤体。其主要用于褐色系肉料理及作为肉用褐色酱汁的基底。

[特别提示/Tip]

表4.2 褐色牛骨汤解析表

基础汤结构	主 体	主要液体	调味品	赋色物
原料	牛骨	清水	混合香味蔬菜、香草香料、盐	上色牛骨及上色蔬菜、番茄膏、干红葡萄酒

续表

基础汤结构	主　体	主要液体	调味品	赋色物
作用	主要风味来源	调节浓稠度	赋予风味	汤色来源

[制作原料/Ingredient]

表4.3　原料构成

原料分类	原　料	说　明
主体	牛骨（烤上色）	可混入上色牛筋、牛腱增稠
香味蔬菜	白洋葱块、胡萝卜块、西芹块	参考比例为2∶1∶1
香草香料	百里香、香叶	辅助风味，用量宜少
着色物	番茄膏、干红葡萄酒	偏向于上色，少突出风味
主要液体	清水	因长时间熬制，故用量较多

[工具/Tool]

砧板、不锈钢盆、少司锅、西餐厨刀、木铲、食物夹、大汤碗、白瓷碗、过滤筛。

[制作步骤/Method]

①少司锅上火加热，加少油。
②加入白洋葱块，炒香，炒软。
③加胡萝卜块、西芹块，深煎上色。
④加番茄膏，炒香，炒匀。
⑤加干红葡萄酒。
⑥炒干红葡萄酒，不留酒精味。
⑦依次加入清水、牛骨。加入百里香、香叶，汤液淹没原料10~15 cm，大火烧沸，撇去浮沫，转小火保持微沸，煮6~12 h，浓缩至一半以上汤汁。
⑧过滤汤汁。
⑨将汤汁快速冷却，撇去表面油脂并冷藏备用。

[成品要求/Demand]

颜色为浅棕色微带红色，浓香鲜美，略带酸味，有牛肉自然的鲜香味。

[相关知识/Knowledge]

布朗牛骨汤属于褐色基础汤的一种，也称为布朗基础汤，做法是先将牛骨和蔬菜香料烤成棕色，然后加上适量番茄酱或剥碎的番茄调色。原料与水的比例为1∶3，煮6~8 h，过滤后即成。褐色基础汤中最常见的是布朗牛骨汤，此外，还有布朗鸡基础汤、布朗鸭基础汤、布朗猪基础汤、布朗虾基础汤等。褐色基础汤主要用于畜禽类菜肴、肉汁等的制作。

[菜肴变化/Extension]

可将牛骨替换成其他动物骨骼，用同样的方法制作其他不同风味的褐色基础汤。

实例❷ 白色牛骨汤（Beef Stock）

[菜肴知识导入/Describe]

白色牛骨汤也称"怀特基础汤"，是一种将小牛的肉和骨头、香味蔬菜从冷水开始熬煮、炼取的浅色基础汤，可用于浅色系肉料理及作为肉用白色酱汁的基底。

[特别提示/Tip]

表4.4 白色牛骨汤解析表

基础汤结构	主 体	主要液体	调味品
原料	牛骨、牛腱等	清水	混合香味蔬菜、香草香料、盐、胡椒碎
作用	主要风味来源	调节浓稠度	赋予风味

[制作原料/Ingredient]

表4.5 原料构成

原料分类	原 料	说 明
主体	牛骨	可混入上色牛筋、牛腱增稠
香味蔬菜	白洋葱块、西芹块	参考比例为2∶1
香草香料	百里香、香叶、欧芹梗	辅助风味，用量宜少
主要液体	清水	因长时间熬制，故用量较多

[工具/Tool]

砧板、不锈钢盆、少司锅、西餐厨刀、木铲、食物夹、大汤碗、白瓷碗、过滤筛。

[制作步骤/Method]

①将牛骨洗净，锯成长8～10 cm的块。
②将牛骨放入冷水锅中大火烧沸，撇去浮沫，捞出洗净血沫。
③将牛骨放入汤锅，加冷水，加热至微开，转小火炖（不时撇去浮沫）。
④加入香味蔬菜和香草香料。
⑤炖4～8 h。
⑥过滤，冷却后冷藏。

[成品要求/Demand]

汤体清澈透明，汤鲜味醇，香味浓郁，无浮沫。

[菜肴变化/Extension]

可将牛骨替换成其他动物骨骼，用同样的方法制作其他不同风味的白色基础汤。

实例❸ 白色鸡基础汤（Chicken Stock）

[菜肴知识导入/Describe]

白色鸡基础汤是一种将生的母鸡、鸡骨架和香味蔬菜从冷水开始熬煮、炼取的浅色高汤。这种高汤风味纯净，除了适用于白色系的肉菜肴，也能作为汤的基底和制作蔬菜类菜肴等，用途广泛。

[特别提示/Tip]

表4.6 白色鸡基础汤解析表

基础汤结构	主 体	主要液体	调味品
原料	老母鸡、鸡骨架等	清水	混合香味蔬菜、香草香料、盐、胡椒碎
作用	主要风味来源	调节浓稠度	赋予风味

[制作原料/Ingredient]

表4.7　原料构成

原料分类	原　料	说　明
主体	老母鸡、鸡骨架	加入鸡骨架以增加风味
香味蔬菜	白洋葱块、西芹块、胡萝卜块、韭菜段	参考比例为2∶1∶0.2
香草香料	百里香、香叶、欧芹梗、大蒜、白胡椒粒、香草末	辅助风味，用量宜少
主要液体	清水	因长时间熬制，故用量较多

[工具/Tool]

砧板、不锈钢盆、少司锅、西餐厨刀、木铲、食物夹、大汤碗、白瓷碗、过滤筛。

[制作步骤/Method]

①处理老母鸡和鸡骨架。老母鸡要切掉头和鸡爪，然后从背部纵向对切，去除剩下的内脏和多余脂肪，然后用水清洗。鸡骨架要去除剩下的内脏和多余脂肪，切成2～3等份后用水清洗。

②将老母鸡和鸡骨架放入锅中，加入水，开大火加热。

③沸腾后撇去浮沫。沸腾之后将火转小，如果表面仍有浮沫或油脂，需清除干净。

④加入香草香料，熬煮约4 h。

⑤放入香味蔬菜，转大火加热。等到即将沸腾时将火转小，在液体表面微微滚动的状态下熬煮约4 h。

⑥用网眼细小的圆锥滤网过滤。

[成品要求/Demand]

汤色清澈，色泽微黄，气味清香。

[相关知识/Knowledge]

白色鸡基础汤（Chicken Stock）由鸡骨、蔬菜、调味品制成。制作方法与白色基础汤相同，鸡骨与水的比例为1∶3，小火炖制1～2 h。制作白色鸡基础汤时可放一些西芹和口蘑，以使汤色美和味鲜。

任务3 清 汤

实例❶ 蔬菜清汤（Vegetable Consomme）

[菜肴知识导入/Describe]

蔬菜清汤，在传统的西餐汤品中不常见，人们一般把意大利蔬菜汤做得清淡一点即可，选用的蔬菜比较多样，以西芹、洋葱、胡萝卜、土豆、结瓜、番茄为主体，在此基础上，还可以选用甜椒、白萝卜、豆芽、西洋菜等搭配，以增加汤品的鲜味和色彩差异。所选用的汤底以鸡清汤为佳，但随着西方素食主义的兴起，现在更多选用蔬菜直接熬成清汤，只要掌握好蔬菜的搭配比例，制成的清汤会更加美味。

[特别提示/Tip]

清洗所有原料及餐具—原料切配及小火煮—装盘成菜。

[制作原料/Ingredient]

主料：洋葱400 g、胡萝卜200 g、西芹100 g、番茄500 g、土豆500 g。

辅料：鸡清汤10 L、节瓜250 g、彩椒1个、黄油50 g、蒜30 g。

调料：盐、胡椒粉适量。

装饰：烤蒜香面包片。

[工具/Tool]

砧板、陶瓷碗/玻璃碗、不锈钢托盘、餐勺、料理碗、酱汁碟（盅）、厨房用毛巾、蛋抽、保鲜膜。

[制作步骤/Method]

①将各种原料清洗干净。
②将所有蔬菜切成指甲片大小。
③用黄油炒西芹、洋葱、胡萝卜、番茄、蒜，小火，不能炒煳。
④待炒香后加入土豆，并加入少量盐。
⑤加入鸡清汤，烧开后转小火，保持微开。
⑥25 min后，加入剩下的怕变色、变形的节瓜，并保持汤微开。
⑦待所有蔬菜味道煮出来后，加入盐、胡椒粉调味。
⑧原料摆盘。
⑨配上烤蒜香面包片即可。

[成品要求/Demand]

①汤水清亮，蔬菜颜色丰富新鲜。
②表面不能有过多油脂。
③胡椒不要太多，提鲜即可。

[相关知识/Knowledge]

蔬菜清汤深受素食者热爱，其汤底可以作为其他某一特定蔬菜汤的汤底。

[思考练习]

（1）想一想，如果火候改用大火，结果会怎么样？
（2）如果要出零点，请问容易变色的蔬菜应什么时候加入？

实例❷ 鸡清汤（Chicken Consomme）

[菜肴知识导入/Describe]

鸡清汤是西餐中常用的基础汤，可以单独成菜，也可以搭配到其他汤菜或者烩菜中以提鲜。

[特别提示/Tip]

清洗所有原料及餐具—鸡骨汆水洗净及鸡肉制成泥—熬制清汤。

[制作原料/Ingredient]

主料：鸡胸肉2块、鸡架1个。

辅料：洋葱100 g、胡萝卜50 g、西芹20 g、鸡蛋2个、蒜20 g。

调料：胡椒粒。

[工具/Tool]

砧板、厨师刀、平底汤锅、汤勺、料理碗、陶瓷碗、漏斗网筛、餐勺、汤碗、盐盅。

[制作步骤/Method]

①将各种原料清洗干净。

②鸡架汆水并洗净。

③将鸡胸肉制成泥，拌入鸡蛋。

④将平底汤锅加冷水5 L，加入汆水的鸡架和肉泥，烧开，并保持水微开。

⑤待肉泥浮出前加入所有蔬菜、蒜、胡椒粒。

⑥保持水微开，不能翻腾，轻轻地撇去浮沫，保持肉泥完整。

⑦40 min后，关火，轻轻地将大的余料取出。

⑧过滤，放凉备用。

[成品要求/Demand]

①成品清澈明亮。

②香味浓郁。

③不可有多余油脂。

[相关知识/Knowledge]

鸡清汤可以作为其他主料汤品的汤底，也可以用来做白烩菜品的汤底。

[思考练习]

为什么要在鸡肉泥中拌入鸡蛋？

实例❸ 鱼清汤（Fish Consomme）

[菜肴知识导入/Describe]

鱼清汤可以搭配高档海鲜汤的汤底，或在海鲜焗、烩菜品中提升所配菜品的鲜味，也可单独成菜。

[特别提示/Tip]

清洗所有原料及餐具—将鱼骨汆水洗净—装盘成菜。

[制作原料/Ingredient]

主料：龙利鱼柳2片、鱼骨200 g。
辅料：鸡蛋1个、西芹20 g、白洋葱100 g、蒜苗白100 g。
调料：干白葡萄酒50 mL，柠檬半个，盐、白胡椒粒适量。

[工具/Tool]

砧板、厨师刀、平底汤锅、汤勺、锥形漏斗、餐勺、汤碗、海盐棒。

[制作步骤/Method]

①将各种原料清洗干净。
②将龙利鱼柳和鱼骨制成鱼肉泥，将蔬菜切碎。
③将鱼肉泥拌入切碎的蔬菜。

④拌入鸡蛋。

⑤烧5 L水，并倒入拌好的鱼肉泥。

⑥迅速将倒入水的鱼肉泥搅散。

⑦保持水微开并过滤杂质余料。

⑧以调料调味装盘。

⑨放凉备用。

[成品要求/Demand]

①清澈明亮。

②香味浓郁。

[相关知识/Knowledge]

煮的时间不能太短，否则会很腥；加锅盖会使汤底不够清澈，故不能加锅盖熬煮。

[思考练习]

除了龙利鱼以外，其他鱼如三文鱼、鳕鱼、草鱼可以做鱼清汤吗？

实例❹　牛清汤（Beef Consomme）

[菜肴知识导入/Describe]

　　牛清汤是西餐中最常用的清汤品种，味道清香浓郁，可作为洋葱汤的汤底、匈牙利牛肉汤的汤底来增加底味，也可以用来做布朗少司。

[特别提示/Tip]

清洗所有原料及餐具—辅料加工—制作汤。

[制作原料/Ingredient]

主料：牛肉碎200 g、洋葱1个。
辅料：鸡蛋1个、西芹30 g、胡萝卜60 g。
调料：盐、黑胡椒粒、香叶适量。

[工具/Tool]

砧板、厨师刀、平底汤锅、汤勺、锥形漏斗、餐勺、汤碗、海盐棒。

[制作步骤/Method]

①将各种原料清洗干净。
②将半个洋葱切碎，将西芹、胡萝卜切碎。
③把上述蔬菜和牛肉碎、鸡蛋一起拌匀。
④平底锅烧水5 L，并倒入牛肉碎。
⑤迅速将牛肉碎搅散，保持微开，加入黑胡椒粒和香叶。
⑥将另一半洋葱在平底锅中煎上色。
⑦待肉泥在水表面结成一层硬皮，从中间抠出小口子，将煎上色的洋葱沿切面向下放入。
⑧保持微开至60 min，过滤。
⑨调味装盘。

[成品要求/Demand]

色泽金黄，味道浓郁；清澈见底。

[相关知识/Knowledge]

①可以搭配牛肉制作清汤，也可以单独成菜。
②可以有一些油脂，味道会更香。

[思考练习]

（1）如果西芹用量过大，会有什么不好的后果？
（2）如果加入一些煎上色的蒜片，会不会更好？

 任务4 浓 汤

顾名思义，浓汤汤品非常浓稠，味道浑厚，西餐中常用菌类、各种蔬菜、牛奶、淡奶油、面烙等调味增稠，用料理机高速打细，可以与面包或者味道较重的主菜搭配，口味相得益彰。人们常用的有奶油蘑菇汤、土豆浓汤、花菜汤等。

实例 **❶** 奶油南瓜汤（Cream of Pumpkin Soup）

[菜肴知识导入/Describe]

奶油南瓜汤，因鲜甜浓郁的美味和养生的感念，深受女士们喜爱，搭配手工现烤的酥皮或者配有牛油果酱的面包片，可提振食欲，回味无穷。

[特别提示/Tip]

清洗所有原料及餐具—辅料加工—制作汤。

[制作原料/Ingredient]

主料：南瓜半个、牛奶1盒、洋葱1个、淡奶油少许。
辅料：黄油10 g、培根2片、面包片、法香碎。
调料：白兰地、盐适量。

[工具/Tool]

菜板（墩）、厨师刀、平底汤锅、汤勺、搅拌机、陶瓷碗、锥形漏斗、餐勺、汤盅、盐瓶。

[制作步骤/Method]

①将各种原料清洗干净。

②南瓜去皮、去籽，切成条。

③洋葱切碎。

④把拌入白兰地的南瓜烤熟。

⑤用黄油炒洋葱碎，小火炒香。

⑥加入培根，炒出香味。

⑦加入牛奶、淡奶油、法香碎并煮开，将南瓜煮软。

⑧用搅拌机将汤底打细，用盐调味。

⑨装饰出菜并配面包片。

[成品要求/Demand]

色泽黄亮，味道浓郁；色彩鲜艳。

[相关知识/Knowledge]

牛奶不可太多，会影响色泽；培根可以使汤的味道更加浑厚。

[思考练习]

此汤加入培根的目的是什么？

实例❷ 比斯克龙虾汤（Lobster Bisque）

[菜肴知识导入/Describe]

比斯克即浓稠的意思。比斯克龙虾汤因为含有龙虾，档次较高，是配搭高档菜谱套餐的常用汤品，汤浓稠，鲜香味足，若加入巴马臣芝士碎，汤品的味道会更令人回味。

[特别提示/Tip]

清洗所有原料及餐具—辅料加工—制作汤。

[制作原料/Ingredient]

主料：龙虾1只、文蛤1 000 g、黄油适量。
辅料：番茄膏30 g、面粉适量、西芹30 g、洋葱60 g、胡萝卜30 g。
调料：盐、胡椒粉、白兰地、干白葡萄酒、淡奶油适量。

[工具/Tool]

菜板（墩）、厨师刀、平底汤锅、汤勺、搅拌机、陶瓷碗、锥形漏斗、餐勺、汤盅、盐瓶。

[制作步骤/Method]

①将所有原料洗净。

②将西芹、洋葱、胡萝卜切丁。

③用干白葡萄酒和文蛤制作原汁液，沉淀待用，将文蛤肉取出洗净。

④将龙虾剖开取出龙虾肉。

⑤将白兰地喷入龙虾壳与蔬菜中烤上色。

⑥用少量黄油炒蔬菜，加入番茄膏和少量面粉，小火炒香，不能炒煳。

⑦加入文蛤、清汤及烤上色的蔬菜和龙虾壳30 min至香。

⑧捞出龙虾壳，将汤用搅拌器打细，加入淡奶油、盐、胡椒粉调味。

⑨装盘出菜。

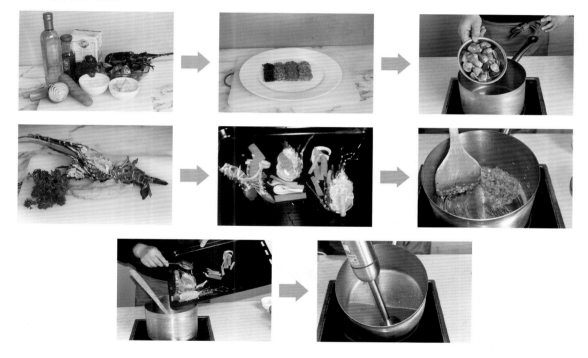

[成品要求/Demand]

汤底呈暗红色，海鲜味浓郁，稠度恰好。

[相关知识/Knowledge]

汤底可烩入意粉或者意大利面成为一道美味的主食。

[思考练习]

炒番茄膏是一个技术活，炒到什么程度很有讲究，对此你有什么看法？

实例❸ 奶油蘑菇汤（Cream Mushroom Soup）

[菜肴知识导入/Describe]

奶油蘑菇汤是在工作中经常做的一款浓汤，基本上每个餐厅都会做，其特点是味道浓郁、口感细滑，搭配一些黑松露可使餐厅的档次提升很多。

[制作原料/Ingredient]

主料：蘑菇500 g、杏鲍菇250 g、香菇250 g、淡奶油1盒、牛奶1盒。
辅料：洋葱150 g、蒜100 g、黄油250 g，香叶、面粉适量。
调料：盐、胡椒粉、松露油适量。
装饰：面包片、法香碎、奶泡。

[工具/Tool]

菜板（墩）、厨师刀、平底汤锅、汤勺、搅拌机、陶瓷碗、锥形漏斗、餐勺、汤盅、盐瓶。

[制作步骤/Method]

①将各种原料清洗干净。
②将洋葱、蒜切碎，将所有的菌菇切片。
③用少量黄油将洋葱碎、蒜碎炒香。
④加入菌菇，再加少量盐，炒至没有明显的水，将菌菇的香味完全炒出来。
⑤加入少量面粉，炒至翻砂泡，加入牛奶和少量水，加入香叶，烧开。
⑥小火煮半小时，待菌汤的香味完全出来后，取出香叶，并用手杆搅拌棒将汤中的原料全部打碎。
⑦用锥形漏斗过滤，并再次烧开，加入淡奶油、盐、胡椒粉调味，推入冻黄油。
⑧用法香碎、面包片及奶泡装饰。
⑨上菜前滴入1滴松露油。

[成品要求/Demand]

口感细滑，味道浓郁；蘑菇与奶油香味并重，淡淡的蒜味可以激发食欲。

[相关知识/Knowledge]

奶油蘑菇汤是浓汤的代表，其他浓汤的工艺手法基本类似。搅拌机必须是高速的，这样才能将菌菇颗粒打得足够细。

[思考练习]

（1）加入少量面粉的目的是什么？
（2）如果没加入面粉炒制，用什么方法才能使汤有理想的稠度？

实例❹ 蔬菜浓汤（Vegetable Soup）

[菜肴知识导入/Describe]

蔬菜浓汤，一般由颜色较深的蔬菜，如胡萝卜、青豆、芦笋甜菜头、甜椒等制成，既可以单独饮用，也可以搭配菜肴调味装饰，用途广泛。

[制作原料/Ingredient]

主料：胡萝卜1 000 g、青豆1包、淡奶油1盒。
辅料：冻黄油适量。
调料：盐、胡椒粉适量。
装饰：面包片。

[工具/Tool]

菜板（墩）、厨师刀、平底汤锅、汤勺、搅拌机、陶瓷碗、锥形漏斗、餐勺、汤盅、盐瓶。

[制作步骤/Method]

①将各种原料清洗干净。
②将胡萝卜和青豆分别煮熟制汤。
③用搅拌机分别将两种汤搅碎。
④分别用淡奶油、胡椒粉和盐调味。
⑤再次加热，推入冻黄油。
⑥用"S"形隔断板将两种汤加入一个汤碗中，做成太极形图案。
⑦配面包片，上菜。

[成品要求/Demand]

味道浓郁，口感柔和；颜色对比度高。

[相关知识/Knowledge]

一般用来搭配其他菜肴调味，如拌入意大利面等；还可以用作主菜的装饰图案酱汁。

[思考练习]

蔬菜浓汤制作中，各种颜色都有，但绿色是最难控制的，因为易变色，如果想要得到绿色的浓汤，该怎么做？

实例❺ 皇后奶油汤（Cream a La Reine）

[菜肴知识导入/Describe]

皇后奶油汤是一道传统的西式汤品，主要原料是鸡肉、蔬菜类原料和奶油。

[制作原料/Ingredient]

主料：白汁2 L 、米饭100 g、鸡肉100 g。

辅料：奶油、胡萝卜、青豆适量。

调料：盐、白胡椒适量。

装饰：面包片、法香碎。

[工具/Tool]

菜板（墩）、厨师刀、平底汤锅、汤勺、陶瓷碗、锥形漏斗、料理碗、餐勺、汤盅、盐瓶、木铲。

[制作步骤/Method]

①将各种原料清洗干净。

②将鸡肉煮熟，切成丁，胡萝卜切丁。

③用微波炉将米饭加热。

④将奶油加入白汁中烧制奶油汤，加盐、胡椒粉调味。

⑤将青豆、胡萝卜丁煮熟，放入汤碗。

⑥将热米饭放入碗中，再将鸡肉丁放入碗中。

⑦将奶油汤淋在上面。

⑧撒上法香碎。

⑨配面包片，上菜。

[成品要求/Demand]

色白，味道浓郁。

[相关知识/Knowledge]

烧制奶油汤时，整个过程切忌炒煳或者上色，以免影响品质。

[思考练习]

这道菜的米饭是多点好，还是少点好？

任务5　特殊风味汤

实例① 法式洋葱汤（French Onion Soup Gratinee）

[菜肴知识导入/Describe]

法式洋葱汤在餐厅的使用频率非常高，因其非常传统，原料种类少，做法也比较简单，但

唯独考验耐性。

[特别提示/Tip]

清洗所有原料及餐具—辅料加工—制作汤。

[制作原料/Ingredient]

主料：牛肉碎200 g、洋葱1个。
辅料：黄油100 g。
调料：盐、胡椒粉、意大利水芹菜适量。
装饰：面包片、古老耶芝士。

[工具/Tool]

菜板（墩）、厨师刀、平底汤锅、汤勺、搅拌机、陶瓷碗、锥形漏斗、餐勺、汤盅、盐瓶。

[制作步骤/Method]

①用牛肉碎和一部分洋葱制作牛清汤。
②将剩下的洋葱切丝。
③用黄油熔化炒洋葱丝，加入少许盐，便于出水。

④小火反复炒约半小时，待所有洋葱丝都变成均匀的褐色。

⑤加入牛清汤，开小火煮约20 min。

⑥待洋葱的香味和牛清汤的味道完全融合成柔和的鲜香味即可。

⑦用盐、胡椒粉和意大利水芹菜调味。

⑧装盘，配上面包片和古老耶芝士调味。

[成品要求/Demand]

色泽金黄，味道浓郁；洋葱的鲜甜味充满口腔。

[思考练习]

这道菜的关键点有两个：一是牛清汤，二是炒洋葱丝的时间和火候。请问炒洋葱丝的时间和火候的关键点是什么？

实例❷ 罗宋汤（Russian Borsch）

[菜肴知识导入/Describe]

罗宋汤是一款来自东欧西伯利亚的高热混合汤，虽然来自西方人眼中的东方，但确实是一道中国人眼中为数不多的、很好喝又很有名的西式汤品，老少皆宜。

[制作原料/Ingredient]

主料：牛腩600 g、红菜头100 g、胡萝卜50 g、土豆300 g、番茄200 g、包菜50 g。

辅料：西芹100 g、洋葱200 g、牛肉汤5 L、小米辣20 g、蒜30 g。

调料：番茄膏、黄油、糖、盐、胡椒粉、香叶、牛肉粉适量。

装饰：面包片、葱花、凤尾、洋葱、橄榄片、法香碎。

[工具/Tool]

菜板（墩）、厨师刀、平底汤锅、汤勺、料理碗、陶瓷碗、木铲、餐勺、汤盅、盐瓶。

[制作步骤/Method]

①将各种原料清洗干净。
②将牛腩切块，氽水，洗净。
③将洋葱、红菜头、包菜切丝，土豆、胡萝卜、西芹切块，番茄切丁。
④平底锅放入黄油，炒洋葱丝、蒜、少量西芹块，炒香，加入番茄膏炒出油。
⑤加入番茄丁炒出酱砂感，加入牛肉汤、牛腩块、小米辣和香叶，大火烧开，加入少量盐。
⑥将牛腩块煮软后，加入剩下的原料，煮20 min。
⑦将所有蔬菜都煮软后，加盐、胡椒粉、牛肉粉、糖调味。
⑧准备装饰：橄榄片、凤尾、洋葱、葱花、法香碎。
⑨配面包片，上菜。

[成品要求/Demand]

酸辣浓香，复合味；所有原料都要煮软，易变色的西芹最后放或者切成细颗粒。

[相关知识/Knowledge]

这道菜牛肉味十足，还有番茄的酸味和适当的辣味。做这道菜不难，但时间一定要把握好，才能将所有原料的味道煮出来。

[思考练习]

这道汤的做法中选用的是牛腩，从原料特点来看，可以换成牛肉吗？可以换成牛尾吗？哪种原料更佳？

实例❸　意大利蔬菜汤（Minestrone）

[菜肴知识导入/Describe]

做意大利蔬菜汤的常用方法有两种：一种是不加番茄膏；另一种是加番茄膏。意大利蔬菜汤是意大利百姓常用的汤，类似于我国北方人常吃的蔬菜拌汤。第二种做法使用频率较高。

[制作原料/Ingredient]

主料：鸡汤5 L、番茄2个、土豆2个、胡萝卜1个、青黄结瓜各1个、青红彩椒各1个、洋葱1个、西芹100 g、意面250 g。
辅料：番茄膏、香料包、面粉、蒜碎适量。
调料：盐、胡椒粉适量。
装饰：面包片、手指胡萝卜、土豆泥。

[工具/Tool]

菜板（墩）、厨师刀、平底汤锅、汤勺、料理碗、陶瓷碗、木铲、餐勺、汤盅、锥形漏斗、盐瓶。

[制作步骤/Method]

①将各种原料清洗干净。

②将所有原料切成小丁，意面煮至七成熟，备用。

③黄油炒洋葱丁、蒜碎，加入胡萝卜和少量西芹炒香。

④加入番茄膏，炒出油，加入面粉，炒至砂泡状。

⑤加入土豆等蔬菜（青椒、西芹等易变色的先不加），加入鸡汤，加入香料包，炖煮。

⑥烧开后，加入少量盐，煮25 min左右，以土豆软而不烂为判断依据，加入意面和易变色的蔬菜煮5 min。

⑦用盐、胡椒调味，番茄味道不足可以用番茄少司调味。

⑧取出香料包，撇去多余的油脂。

⑨装盘，配面包片、手指胡萝卜和土豆泥。

[成品要求/Demand]

味道浓郁鲜美，有淡淡的酸味。所有蔬菜要煮软但不能煮烂，色彩要新鲜。

[相关知识/Knowledge]

适合意大利人的口味。

[思考练习]

蔬菜的质地不一样，添加的顺序和煮制时间也会不一样，以软而不烂为佳，请将添加蔬菜的顺序和煮制时间详细罗列出来。

项目 5

西餐热菜

> > >

 **任务1** **热调味汁**

调味汁是由厨师专门调制的西式菜肴和糕点的酱汁。英语单词Sauce即酱汁，译音称为少司、沙司，也称酱汁或调味汁，简称为"汁"。少司在西餐烹调中占有十分重要的地位。制作热调味汁是西餐热菜烹调中的一项非常重要工作。热调味汁一般由受过训练的有经验的厨师专门制作。少司与菜肴主料分开烹调的方法是西餐烹饪的一大特点。

1）少司的作用

少司是西餐菜点的重要组成部分，在整道菜肴中具有举足轻重的地位，归纳起来主要有以下几方面作用。

①确定并增加菜肴的风味和营养。菜肴的口味主要取决于少司。少司在制作时融入了各种调味品，以作为菜肴的调味汁。菜肴的口味主要由少司的口味确定。此外，少司是用各种基础汤汁制作的，这些汤汁都含有丰富的营养成分和鲜味物质，同时也增加了菜肴的鲜味和营养成分。

②保持菜肴的温度，改善菜肴的口感，增加菜肴滋润度。部分菜肴在烹调制作过程中，会使原料中的水分流失较多，影响口感。由于少司中含有较多水分，在食用时，可补充菜肴的水分，改善菜肴的口感。此外，由于多数少司都具有一定浓度，可以裹在菜肴的表层，这样在一定程度上可以保持菜肴的温度，同时还可以防止菜肴被风干。

③增加菜肴的色泽和亮度。部分菜肴会使用到较为清澈光亮的肉汁，这样的汁浇在菜肴上可以使菜品更有光泽，更有亮度，从而增加食欲。

④使菜肴美观。由于少司有着不同的颜色和鲜亮的光泽，所以少司不但可以被设计在盘内作为图案、装饰、美化菜肴，还可以对某些不甚美观的菜肴加以掩盖，使菜肴美观。

2）少司的分类

少司的种类繁多，分类方法也不尽相同，根据其性质和用途可分为热少司、冷少司和冷调味汁、甜食少司四大类。按其浓度可分为固体少司、稠少司、浓少司、稀少司和清少司等。根据来源可分为基础少司和衍生少司，也称母少司和子少司。西餐热菜的传统基础少司主要有5种，即贝夏梅尔少司、瓦鲁迪少司、西班牙（布朗）少司、番茄少司和荷兰少司。除荷兰少司外，母少司一般很少直接与菜肴伴食，主要用作各种子少司的基本材料，因而被称为"母少司"。子少司以母少司为基础，加入各种配料和调味料，因而被称为"子少司"。实际工作中使用的各种传统热少司几乎都是以它们为基础演变出来的。因此，也就出现了五大少司家族。

贝夏梅尔少司＝牛奶＋白色油面酱

瓦鲁迪少司＝白色基础汤＋金黄色油面酱

西班牙（布朗）少司＝棕色基础汤＋棕色油面酱

番茄少司＝番茄＋面酱（或其他）
荷兰少司＝清黄油＋蛋黄

实例❼ 荷兰少司（Hollandaise Sauce）

[菜肴知识导入/Describe]

荷兰少司是利用蛋黄中的卵磷脂（一种天然的乳化剂）的乳化作用将温热的黄油和少量水、柠檬汁、醋融于一体的乳化少司。荷兰酱属于基本酱汁，既可用来搭配水煮鱼食用，也可搭配班尼迪克蛋和芦笋。

[特别提示/Tip]

荷兰少司的制作和保存应在10～60 ℃，以保持蛋黄的乳化性和酱汁的稳定性。因其制作和保存温度期间容易滋生细菌，故工具、盛器必须洁净卫生，制作量宜少，且在临近食用时制作。

表5.1　荷兰少司结构解析表

少司结构	主　体	主要液体	调味品
原料	蛋黄	清黄油	白葡萄酒醋、盐、胡椒粉
作用	乳化作用	酱汁主体	赋予风味、调节浓稠度

[制作原料/Ingredient]

表5.2　原料构成

原料分类	原　料	说　明
少司主体	清黄油	确定基本风味
增稠物	蛋黄	乳化黄油
调味品	盐、胡椒粉、白葡萄酒醋	基础调味品

[工具/Tool]

砧板、不锈钢盆、厚底带柄平底深锅、西餐厨刀、白瓷碗、蛋抽。

[制作步骤/Method]

①用一深口少司锅烧热水。
②将碗放于热水锅上空，不接触水面，使碗保持温热，再将蛋黄加入碗中，搅拌均匀。
③加入白葡萄酒醋。
④用打蛋器搅拌至起泡。
⑤分次加清黄油。一边搅拌，一边加入，但不能一下全部加入。
⑥待酱汁表面变顺滑，加入盐、胡椒粉调味即可。

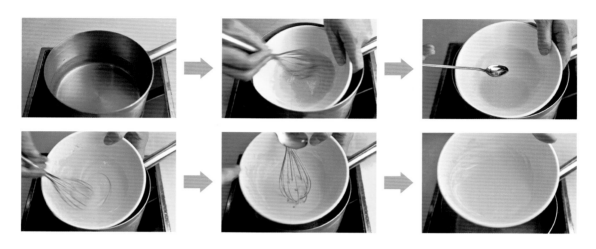

[成品要求/Demand]

酱汁呈乳膏状，色泽浅黄，质地轻盈，光亮细滑，口味咸酸清香。菜品安全卫生。

[相关知识/Knowledge]

清黄油制作：将黄油切片，放在不锈钢盆中，隔热水水浴加热，底层奶汁沉淀物不要，取上面的澄清黄油。隔水水温在70~80 ℃为好，黄油保温在50~60 ℃。

实例❷ 贝夏梅尔少司（Béchamel Sauce）

[菜肴知识导入/Describe]

贝夏梅尔调味酱，也叫牛奶白酱、白汁少司，是五大基础酱中最简单的一种。它是以牛奶为液体、以白色油面酱为增稠剂制成的少司。此酱料适用于搭配蔬菜、蛋类、烤面包和意大利面。

[特别提示/Tip]

表5.3 贝夏梅尔少司结构解析表

少司结构	主要液体	增稠剂	调味品
原料	牛奶	白色油面酱	盐、胡椒粉
作用	酱汁主体	调节浓稠度	赋予风味

[制作原料/Ingredient]

表5.4　原料构成

原料分类	原料	说　明
少司主体	牛奶	确定基本风味
增稠物	面粉、黄油	制作白色油糊
调味品	盐、胡椒粉	基础调味品

[工具/Tool]

砧板、不锈钢盆、少司锅、西餐厨刀、木铲、蛋抽、大汤碗、白瓷碗、过滤筛。

[制作步骤/Method]

①制作白色油糊。用小火融化锅中的黄油，待起泡了就将锅移离炉火，将筛过的面粉全部放入锅中，用木铲混合均匀。

叮嘱：加入面粉时请离火，否则面粉很容易结块。

②以小火炒油糊，慢慢地将面粉炒熟，直到整体变成带有光泽的柔滑乳霜，但千万不可变色。

叮嘱：面粉炒够时间，质地才柔滑，否则口感显得厚重。留意火力，不可让油糊变色。

③制作充满光泽、质地滑顺的油糊。

叮嘱：油糊炒好后要迅速降温，避免油糊继续受热。

④用另一个锅将牛奶加热到快沸腾，然后加入油糊，用木铲刮起锅底油糊，搅拌均匀。

叮嘱：油糊和牛奶有温度差才能做出滑顺不结块的牛奶白酱。

⑤开中火，一边用打蛋器搅拌，一边加热到沸腾。

叮嘱：等到油糊完全与牛奶混合后开火加热。用打蛋器搅拌，让油糊均匀分散于牛奶中。

⑥转小火，边煮边用木铲不停搅拌，直到呈现有光泽的流动状态。

叮嘱：彻底加热，让酱汁变得滑顺。

⑦以盐、胡椒粉调味，用网眼细小的圆锥滤网过滤。

叮嘱：趁热过滤，冷却后酱汁会变黏稠，不易过滤。

[成品要求/Demand]

成品细滑光亮，色奶白，味醇正，浓度适中。

实例❸　瓦鲁迪少司（Velouté Sauce）

[菜肴知识导入/Describe]

瓦鲁迪少司也称白汁酱，是五大基础酱中相对简单的一种。它是以白色基础汤为液体、以金黄色油面酱为增稠剂，炖至浓稠的少司。使用不同的白汤，做出来的白汁是不同的，最主要的三大类是鸡汤白汁、小牛汤白汁和鱼汤白汁。

[特别提示/Tip]

瓦鲁迪少司的做法与牛奶白酱相同,只不过是以白色高汤取代牛奶。

表5.5 瓦鲁迪少司结构解析表

少司结构	主要液体	增稠剂	调味品
原料	白色基础汤	白色油面酱	盐、胡椒粉
作用	酱汁主体	调节浓稠度	赋予风味

[制作原料/Ingredient]

表5.6 原料构成

原料分类	原 料	说 明
少司主体	白色基础汤	确定基本风味
增稠物	面粉、黄油	制作黄色油面酱
调味品	盐、胡椒粉	基础调味品

[工具/Tool]

砧板、不锈钢盆、少司锅、西餐厨刀、木铲、蛋抽、大汤碗、白瓷碗、过滤筛。

[制作步骤/Method]

①将面粉炒制成金黄色油面酱。
②逐渐加入白色基础汤,并不断搅动,以防结疙瘩。
③上火煮沸,转文火炖约30 min,用盐、胡椒粉调味。
④过滤,表面淋黄油以防结皮。

[成品要求/Demand]

成品细滑光亮,安全卫生。

实例❹ 布朗少司(Brown Sauce)

[菜肴知识导入/Describe]

布朗少司是以褐色基础汤为液体、以褐色油面酱为增稠剂制作而成的褐色酱汁。

[特别提示/Tip]

表5.7 布朗少司结构解析表

少司结构	主要液体	增稠剂	调味品
原料	褐色基础汤	褐色油面酱	香味蔬菜、香草香料、盐、胡椒粉

续表

少司结构	主要液体	增稠剂	调味品
作用	酱汁主体	调节浓稠度	赋予风味

[制作原料/Ingredient]

表5.8 原料构成

原料分类	原　料	说　明
少司主体	褐色基础汤	确定基本风味
香味蔬菜	白洋葱、胡萝卜、西芹	辅助增加风味
香草香料	欧芹梗、鲜百里香、香叶	辅助风味，用量宜少
增稠物	面粉、黄油	制作棕色油面酱
着色物	番茄膏、干红葡萄酒	偏向于上色，少突出风味
调味品	盐、胡椒粉	基础调味品

[工具/Tool]

砧板、不锈钢盆、少司锅、西餐厨刀、木铲、蛋抽、大汤碗、白瓷碗、过滤筛。

[制作步骤/Method]

①将香味蔬菜切成小丁。
②平底锅加少许黄油，将香味蔬菜炒香并炒上色。
③加入面粉炒成棕色油面酱。
④加入番茄膏炒透，除去酸味。
⑤加入干红葡萄酒以溶解锅底风味物。
⑥一边加褐色基础汤一边搅动，避免结疙瘩，煮开后转文火，放入香草香料。
⑦以文火炖约1.5 h，不时撇去浮沫。
⑧过滤并用盐、胡椒粉调味。

[成品要求/Demand]

成品色泽棕红，形态近似流体，口味香浓。

实例❺　番茄少司（Tomato Sauce）

[菜肴知识导入/Describe]

番茄少司是将番茄蓉、香草、香料、蔬菜等炖煮成蓉的一种蔬菜少司。

[特别提示/Tip]

表5.9　番茄少司结构解析表

少司结构	主　体	主要液体	调味品
原料	番茄蓉	白色基础汤	香味蔬菜、香草香料、盐、胡椒粉
作用	酱汁主体	调节浓稠度	赋予风味

[制作原料/Ingredient]

表5.10　原料构成

原料分类	原　料	说　明
少司主体	番茄、白色基础汤或清水	确定基本风味
辅料	培根	熬油
香味蔬菜	白洋葱、胡萝卜、大蒜	辅助增加风味
香草香料	欧芹梗、鲜百里香、香叶	辅助风味，用量宜少
着色物	番茄膏	偏向于上色，少突出风味
调味品	盐、胡椒粉	基础调味品

[工具/Tool]

砧板、不锈钢盆、少司锅、西餐厨刀、木铲、蛋抽、大汤碗、白瓷碗、过滤筛。

[制作步骤/Method]

①将番茄焯水，去皮，去籽，将果肉切成蓉。
②将香味蔬菜切成细末。
③将大片培根用中火熬出油。
④加入香味蔬菜略炒（不上色）。
⑤加入番茄蓉、香草香料、盐和胡椒粉，炒匀，加入白色基础汤。
⑥用小火炖至所需的浓稠度。
⑦取出香草香料，用研磨器制蓉，冷却待用。

[成品要求/Demand]

色泽红亮，半流体状，口味咸酸香浓，口感细腻。

实例❻　黑椒少司（Black Pepper Sauce）

[菜肴知识导入/Describe]

黑椒少司是西餐中常见的一种调味料，主要食材有黑胡椒粉、洋葱、蒜等。

[特别提示/Tip]

表5.11 黑椒少司结构解析表

少司结构	主要液体	增稠剂	调味品
原料	布朗少司	褐色油面酱或自然浓缩	香味蔬菜、白兰地、盐、胡椒粉
作用	酱汁主体	调节浓稠度	赋予风味

[制作原料/Ingredient]

表5.12 原料构成

原料分类	原料	说明
少司主体	布朗少司	确定基本风味
香味蔬菜	白洋葱、大蒜	辅助增加风味
增稠物	黄油	增加风味并半乳化增稠
调味品	白兰地、盐、胡椒粉	基础调味品

[工具/Tool]

砧板、木铲、少司锅、西餐厨刀、大汤碗、白瓷碗。

[制作步骤/Method]

①白洋葱、大蒜洗净切碎。
②将干净的少司锅置于热源上，加少量黄油，再加入白洋葱碎，小火炒至浅金黄色。
③加入大蒜碎，继续小火炒至金黄色。
④加胡椒粉微微炒香。
⑤加白兰地煮干。
⑥加布朗少司。
⑦如果较稠，可加少量布朗基础汤或清水。
⑧烧沸，收浓，用盐和胡椒粉调味，加黄油增稠增香。
⑨盛放备用。

[成品要求/Demand]

味道微辣，呈流体状。成品安全卫生。

 **任务2** 畜肉类热菜制作

实例❶ 煎牛排配黑椒汁
（Fried Beef Steak with Black Pepper Sauce）

[菜肴知识导入/Describe]

煎牛排配黑椒汁是一道经典的西式菜肴。香辛微辣的黑椒汁和鲜嫩的牛排结合，完美搭配，经久不衰。西餐中，牛肉是主要食用肉类，大都选用黄牛肉，黄牛肉色泽鲜红，烹调后肉鲜、味美。煎牛排必须快煎，法式菜比较倾向于半熟或生食。

[特别提示/Tip]

①清洗所有原料及餐具—初加工原料—分别制作主菜、配菜、少司—装盘成菜。
②煎牛排需要用厚底锅以保持相对恒定的温度。

[制作原料/Ingredient]

主料：牛排150 g、盐5 g、黄油30 g、胡椒碎2 g、色拉油50 g。

配菜：迷你胡萝卜50 g、穗番茄30 g、芦笋30 g、西蓝花20 g、大蒜10 g、迷你甘蓝1棵。

少司：黑椒汁30 g。

装饰：迷迭香1支。

[工具/Tool]

菜板（墩）、煎锅、不锈钢托盘、餐盘、料理碗、酱汁碟（盅）、厨房用毛巾、食物夹、餐勺、厨师刀。

[制作步骤/Method]

①将牛排表面擦干，用盐腌渍入味。

②锅中放入少量色拉油。

③将腌好的牛排放入炙热的煎锅中，并淋上少量色拉油。

④将牛排煎至黄褐色，翻面，再煎另一面。

⑤将两面煎至黄褐色后，加大蒜，用食物夹将牛排夹起，将边缘也煎至黄褐色。

⑥加迷迭香、黄油，继续煎，并用勺子不断将锅边熔化的黄油浇淋在牛排上。

⑦牛排煎好后取出放于盘中，撒上少许胡椒碎，静置10～15 min。

⑧将配菜煎熟且上色，以盐和胡椒碎调味。

⑨将牛排、配菜、黑椒汁、迷迭香等组合装盘成菜。

[成品要求/Demand]

①主菜牛排颜色呈漂亮的褐色，配菜鲜脆，黑椒汁有一定流动性，呈微黄褐色。

②整体主次分明，色泽鲜明，引发食欲。

[相关知识/Knowledge]

煎牛排通常选用肉质细嫩的部位，以里脊和外脊为主。

里脊位于牛的脊背后部内侧，一边一条，从头至尾的形状是头大尾尖。因这个部位活动量很小，所以肉的纤维细软，含水分多，是牛肉中最细嫩的部位。西餐中通常称其为菲利，其嫩度、鲜度都很好，是制作牛排最好的一块肉，价格也比较贵。

外脊是牛的脊背部分，肉的细嫩程度仅次于里脊。剔去骨骼及筋膜可做各种肉扒，西餐中通常称其为西冷牛排，是西餐中制作各种牛排的主要原料。如带骨使用可做T骨牛排，国内也有称其为丁骨牛排，价格较贵，在丁骨牛排上可以同时品尝里脊和外脊两种口感的牛肉。

实例❷ 爱尔兰焖羊肉（Irish Lamb Stew）

[菜肴知识导入/Describe]

爱尔兰焖羊肉这道菜肴肉块弹嫩、汤汁清香，根茎菜有良好的口感和味道，新鲜的羊里脊配上百变的根茎菜，清汤慢烩，再用迷迭香来提升香气。爱尔兰羊肉的品质在世界上名列前茅，羊肉肉质紧实且易嚼，细腻多汁，口感好，膻腥味较轻，容易烹调。

[特别提示/Tip]

清洗所有原料及餐具—初加工原料—制作菜肴—装盘成菜。

[制作原料/Ingredient]

主料：羊肉块约500 g。

配菜：土豆块100 g、胡萝卜块50 g、洋葱块50 g、西芹块50 g、小洋葱30 g、香料束1束（香叶1片、欧芹梗1支、大葱1段、百里香1支、棉线1段）。

少司：布朗基础汤1 L，盐5 g，胡椒粉3 g。

装饰：欧芹碎适量。

[工具/Tool]

菜板（墩）、煎锅、不锈钢托盘、餐盘、料理碗、炖锅、厨房用毛巾、食物夹、餐勺、厨师刀。

[制作步骤/Method]

①将羊肉块放入冷水锅中焯水。

②用餐勺撇去浮沫，煮熟捞出并洗去羊肉块表面污物。

③另取炖锅放于火上，加入布朗基础汤。

④加入羊肉块。

⑤再加入土豆块、胡萝卜块、西芹块、洋葱块、小洋葱等。蔬菜可以晚一些加入，以免煮得太烂。

⑥加入香料束。

⑦烩制过程中，用餐勺撇去浮沫。

⑧烩至羊肉及蔬菜酥而烂，汤汁稠浓，加盐、胡椒粉调味后，取出装盘。

⑨撒上欧芹碎即可。

[成品要求/Demand]

汤汁稠浓，肉质酥软，蔬菜块软而不烂。汤鲜味美，营养丰富，回味甘甜。

[相关知识/Knowledge]

羊分绵羊和山羊两种，肉用羊大都是培育的绵羊，西餐主要使用肉用羊。肉用羊较普通绵羊个体大，肉质细嫩，肌间脂肪多，切面呈大理石花纹，肉用价值更高。

实例❸　匈牙利烩牛肉（Hungarian Goulash）

[菜肴知识导入/Describe]

匈牙利烩牛肉是一道经典的匈牙利传统风味菜肴，也是一道很平民化的菜肴，匈牙利牧羊人最爱吃，因其口感独特而迅速风靡西欧和中欧，其历史可以回溯到9世纪。

[特别提示/Tip]

清洗所有原料及餐具—初加工原料—制作菜肴—装盘成菜。

[制作原料/Ingredient]

主料：牛腿肉800 g。

配菜：米饭300 g、黄油20 g。

少司：布朗少司150 mL，褐色牛骨汤500 mL，油面酱20 g，红椒粉10 g，色拉油50 g，盐5 g，胡椒粉少量，酸奶油30 g，迷迭香5 g，牛膝草、小茴香少许。

装饰：葱头200 g、青椒300 g、番茄200 g、土豆100 g。

[工具/Tool]

菜板（墩）、煎锅、不锈钢托盘、餐盘、料理碗、酱汁碟（盅）、厨房用毛巾、食物夹、餐勺、厨师刀。

[制作步骤/Method]

①将牛腿肉、葱头、番茄、土豆和青椒切成块。

②在牛肉块上撒上盐和胡椒粉，用色拉油煎上色，将牛肉块放入锅中，加褐色牛骨汤和布朗少司，再加入葱头块和番茄块，放入迷迭香、牛膝草、红椒粉和小茴香，用小火焖至八成熟。

③将土豆块和青椒块放入锅中，加入酸奶油，用油面酱调节浓度，将牛肉块、土豆块焖熟。

④用黄油炒香米饭。

⑤盘边配上炒黄油米饭，盛上烩牛肉即可。

[成品要求/Demand]

牛肉块形均匀，呈红褐色，富有牛肉香味，带有甜红椒粉的香辣味，入口弹牙有嚼劲，味厚不腻。

[相关知识/Knowledge]

烩是指将初步加工或刀工处理后的原料用煎（或其他方法）定型或定型上色并在少司中加热成熟的方法。根据少司色泽的不同，烩可分为红烩和白烩两种。红烩又称为褐汁烩，是原料煎制定型并且上色后在褐色少司等深色少司中绘制成熟的方法。菜肴制作成熟后，具有色泽棕褐色或者红褐色、味道香浓等特点。白烩又称为白汁烩，是原料煎制定型但不上色，然后放在白色少司等浅色少司中烩制成熟的方法。菜肴制作成熟后，具有色泽乳白、味道香浓等特点。

任务3 蔬菜、薯类配菜制作

实例 ❶ 炸薯条（French Fries）

[菜肴知识导入/Describe]

炸薯条或炸土豆是现代西餐食品行业中较盛行的一种食物。多数炸薯条是由冻土豆制作的，但有必要知道怎样用新鲜土豆来制作炸薯条。一般炸薯条分两步制作，也可一步完成，若大批量制作则比较费时。常用方法是将它们放入脂肪油里轻焯一下，于低温下进行以使其在不变色的情况下完全烹制，然后放于冰箱中冷冻。

[特别提示/Tip]

清洗所有原料及餐具—制作酱汁—装盘保存。

[制作原料/Ingredient]

主料：土豆1 000 g。

调料：番茄酱、盐、胡椒粉适量。

辅料：色拉油1 000 g。

[工具/Tool]

电子秤、陶瓷碗/玻璃碗、不锈钢托盘、餐勺、料理碗、酱汁碟（盅）、厨房用毛巾、蛋抽、保鲜膜。

[制作步骤/Method]

①准备好炸制薯条的所有原料。

②将土豆清洗并切成截面1 cm见方、长6～7 cm的条。

③将其放于冷水中防止变色。

④锅中烧水加入适量的盐。

⑤将土豆条放入水中煮。

⑥土豆条断生后捞出，并将其放于盘中使其变干，冷藏。

⑦将土豆条放于热色拉油中并加热到175～190 ℃直到变色变松脆。

⑧放入盐和胡椒粉调味。

⑨制作完成，最后配上番茄酱即可。

[成品要求/Demand]

颜色金黄，口感酥脆。成品安全卫生。

[菜肴变化/Extension]

根据刀工成型不同，可以制作炸华芙薯片或炸薯棍。

实例❷ 黄油时蔬（Butter Vegetable）

[菜肴知识导入/Describe]

黄油时蔬在西餐中可作为主菜和配菜使用，一般选用时令蔬菜制作。

[制作原料/Ingredient]

主料：胡萝卜200 g、西蓝花300 g、白菜花300 g、西葫芦200 g。

辅料：清黄油30 g。

调料：盐、胡椒粉适量。

[制作步骤/Method]

①将西葫芦、胡萝卜洗净，先切成长6 cm左右的段，然后削成长6 cm、中间高1.5 cm、两端高1 cm的橄榄形。

②将西蓝花、白菜花洗净，去茎，切成朵。

③锅内放水煮开，把白菜花、胡萝卜、西蓝花、西葫芦分别倒入开水中焯3～5 min，捞出后放入冰水中，放凉后捞出备用。焯白菜花和胡萝卜的时间要比焯西蓝花的时间长。

④把所有菜放入开水中焯30 s，捞出，沥干。

⑤将清黄油放入另一个锅内，加热后把焯热的蔬菜倒入锅内，用盐和胡椒粉调味。

[成品要求/Demand]

色泽鲜艳，形状整齐不碎；口味鲜香微咸，安全卫生。

[菜肴变化/Extension]

制作黄油蔬菜可选用不同品种的蔬菜，但要注意颜色的搭配。

实例❸　法式里昂土豆（Lyonnaise Potatoes）

[菜肴知识导入/Describe]

法式里昂土豆在西餐中可作为主菜和配菜使用，一般选用洋葱和土豆制作。

[制作原料/Ingredient]

主料：洋葱100 g、土豆300 g。

辅料：黄油30 g、色拉油适量。

调料：盐、胡椒粉适量。

[制作步骤/Method]

①将土豆切成厚约0.5 cm的片，放在清水中去除淀粉。将洋葱去皮，顺着长度切成块。

②将色拉油倒入锅中并置于热火之上，加入土豆片炸熟。

③把黄油放于锅中加热，炒洋葱块，直到变黄。

④加入土豆片继续炒1 min，直到洋葱块和土豆片完全混合且香味溢出。

⑤用盐和胡椒粉调味。

⑥装盘成菜。

[成品要求/Demand]

色泽微黄，形状整齐不碎；口味鲜香微咸，安全卫生。

[菜肴变化/Extension]

不加洋葱可制作美式炒土豆，但要注意控制火候。现在也有在里昂土豆中加入腌肉、番芫荽的。

实例❹　炒蘑菇（Fried Mushroom）

[菜肴知识导入/Describe]

炒蘑菇在西餐中可作为主菜和配菜使用，一般由一种或多种新鲜蘑菇制作而成。

[制作原料/Ingredient]

主料：白口蘑100 g、香菇100 g、鸡腿菇100 g、杏鲍菇100 g。

辅料：大蒜15 g、黄油30 g、色拉油适量。

调料：盐、胡椒粉适量。

[制作步骤/Method]

①迅速清洗白口蘑、香菇、鸡腿菇、杏鲍菇并用毛巾擦干，将根部去掉，切开备用。

②将平底锅加色拉油烧热，温度稍高放入杂菇，炒出水分直到杂菇变成金黄色。

③把黄油放于锅中，加热并放入大蒜炒香。

④加入杂菇继续炒1 min，直到香味溢出。

⑤用盐和胡椒粉调味。

⑥装盘成菜。

[成品要求/Demand]

色泽微黄，形状整齐不碎；口味鲜香微咸，安全卫生。

[菜肴变化/Extension]

可制作奶油汁，加入适量豆蔻粉，制成奶油烩蘑菇。

实例❺　番茄少司意大利面（Pasta with Tomato Sauce）

[菜肴知识导入/Describe]

番茄少司意大利面在西餐中是一道非常流行的菜品，深受大众欢迎。一般选用意大利的去皮番茄和香料进行炒制，然后放入煮好的意大利面条制作而成。

[制作原料/Ingredient]

主料：腌肉100 g、洋葱100 g、胡萝卜100 g、意大利罐装去皮番茄100 g、番茄酱100 g、意大利面条100 g。

辅料：黄油20 g、大蒜碎15 g、橄榄油适量、罗勒叶20 g、香叶5 g、百里香5 g、迷迭香5 g、欧芹叶2 g、鸡高汤200 mL。

调料：糖、盐、胡椒粉适量。

[制作步骤/Method]

（1）制作番茄少司

①在厚底少司锅中，用黄油中火炒制腌肉，直至腌肉变软。

②加入洋葱、胡萝卜，翻炒，直至蔬菜微软。

③加入意大利罐装去皮番茄、番茄酱、鸡高汤以及香料（罗勒叶、香叶、百里香、迷迭香）。调至小火加热1.5～2 h，直至少司的浓稠度达到要求。

④去掉香料，将少司过滤或用食物研磨器（手持搅拌器）搅拌后过滤。

⑤用糖、盐和胡椒粉调味。

（2）煮制意大利面

①在厚底少司锅中放入适量盐和橄榄油。每2 L水需放入盐20 g。

②将意大利面条放入热水中，煮制大约10 min，捞出沥干，拌入少量橄榄油备用。

（3）制作番茄汁意大利面

①在平底锅中放入适量橄榄油和大蒜碎炒香。

②加入番茄少司，熬制后放入意大利面迅速翻炒，加少许鸡高汤在意大利面中，混合，收汁。

③用盐、胡椒粉调味，装盘后点缀上欧芹叶即可。

[成品要求/Demand]

色泽微红，形状整齐不碎；口味鲜香微咸，安全卫生。

[菜肴变化/Extension]

可在番茄少司中加入炒香的牛肉碎，制成肉酱意大利面。

项目 *6*

西式早餐制作

[学习重点]

西餐常见各式早餐的制作方法。

[教学目的]

通过学习，了解西式早餐的特点和分类，掌握西餐常见早餐的基本制作方法，能制作出各式西式早餐。

任务1 西式早餐的特点与分类

[任务导入]

虽然各国的早餐各有特点，但西方国家的早餐也有一些相通之处，因此，通过归纳可知西式早餐的一些共同特点，并简单地进行分类。

1）西式早餐的特点

西餐与中餐有着完全不同的特点，同样，西式早餐与中式早餐也完全不同，传统中式早餐虽各地不同，但可分为米、面两大类。而西式早餐品种丰富，且制作方便。西式早餐比较注重营养搭配，科学性较强，大多选料精细、粗纤维少、营养丰富。

在现代酒店的早餐供应中，西式早餐也占有较大比例。

2）西式早餐的分类

西式早餐根据其服务形式和供应的品种，一般可分为以下两种。

①美式早餐（American Breakfast，英国、美国、加拿大、澳大利亚及新西兰等，以英语为母语的国家都属于此类）。品种比较丰富，一般有煎蛋、水波蛋等蛋类制品，面包、麦片等谷物类制品，火腿、香肠、培根等肉类制品，以及各种水果、果汁、饮料等，是目前比较流行的早餐。

②欧陆式早餐（Continental Breakfast，德国、法国等）。相对于英式早餐，欧陆式早餐品种较少，口味较清淡，量小而精致。欧陆式早餐包含咖啡、果酱、水果、烤面包、派及各种饮料等。

3）西式早餐的相关知识

①水果或果汁。这是早餐的第一道菜，果汁分为罐装果汁（Canned Juice）和新鲜果汁（Fresh Juice）两种。另有一种菜：将干果加水，用小火煮至汤汁完全蒸发，水果变软，以餐盘端上桌，用汤匙一边刮一边舀着吃。

②谷类。玉米、燕麦等制成的谷类食品，如玉米片（Corn Flakes）、脆爆米（Rice Crispies）、脆麦（Rye Crispies）、泡芙（Puff Rice）、小麦干（Wheaties）、麦片（Cheerios），通常加砂糖及冰牛奶，有时还加香蕉切片、草莓或葡萄干等。

此外，尚备有麦片粥（Oatmeal）或玉米粥（Corn Meal），以供顾客变换口味，食用时用牛奶和糖调味。

③蛋。早餐的主食，是早餐的第二道菜，通常为2个蛋，因烹调方法的不同，可以分为煎蛋（Fried Eggs，只煎一面的荷包蛋称为Sunny-side Up，两面煎半熟叫Over Easy，两面全熟叫Over Hard或Over Well-done）、带壳水煮蛋（Boiled Eggs，煮3分熟的叫Soft Boiled，煮5分熟的叫Hard Boiled）、去壳水煮蛋（Poached Eggs，将蛋去壳，滑进锅内特制的铁环中，在将沸的水中或水面上煮至所要求的熟度）、炒蛋（Scrambled Eggs）、蛋卷（Omelet，也可以拼成Omelette，通常用盐与辣酱调味，而不用胡椒，因为胡椒会使蛋卷硬化，也会留下黑斑）。

④吐司和面包。吐司通常烤成焦黄状，要注意Toast with Butter和Buttered Toast的不同。Toast with Butter指端给客人时吐司和牛油是分开的。Buttered Toast指将牛油涂在吐司上端给客人。美国的Coffee Shop大都提供Buttered Toast。

此外，还有各种糕饼，以供客人变换口味。注意吃的时候不可用叉子叉，要用手拿，抹上牛油、草莓酱（Strawberry Jam）或橘皮（Marmalade），咬着吃。

⑤饮料（Beverages）指咖啡或茶等不含酒精的饮料。所谓White Coffee指加奶精（Cream）的咖啡，也就是法语中的Café au Lait，较不伤胃。不加奶精的咖啡就称为Black Coffee。

在国外，Tea（茶）一般指红茶。如果要绿茶则须指明Green Tea。西式早餐的咖啡和红茶都无限制供应。

欧陆式早餐比美式早餐简单，两者内容大致相同，但欧陆式早餐不供应蛋类，客人想点蛋类食品时，得另外付费。

 西式早餐的制作

[学习重点]

常见西式早餐的制作方法。

[教学目的]

了解不同早餐品种的特点、原料与种类，初步掌握各类西式早餐的制作方法，熟悉早餐菜品的制作要求，并能够在实际工作岗位中熟练应用。

实例❶ 水煮蛋（Boiled Egg）

[菜肴知识导入/Describe]

在西式早餐中，鸡蛋是使用最广泛的一种食物原料，可以作为主料，也可以作为辅料，既可以用于制作各类菜肴，同时也是西点制作时不可缺少的原料。在使用鸡蛋制作早餐时，通常需要迎合客人的喜好，即需要根据客人喜欢的成熟度进行烹饪，因此，一名西餐厨师需要熟知鸡蛋成熟的温度。水煮蛋即将带壳的蛋放入水中加热，沸腾后按事先要求的成熟度来决定火候。煮的时间不同，鸡蛋的状态也会不同。为了保持蛋黄在蛋的中央，沸腾之前要时不时转一转蛋的方向。水煮蛋既可以直接食用，也可以配上酱汁吃，还可以填进馅料，或是切碎后跟调味酱汁混合在一起。

[特别提示/Tip]

①预先将鸡蛋从冰箱里取出放置。
②用清水煮。
③煮好后立即冷却。
④遵守精确的时间。

[制作步骤/Method]

在锅中加入水，冷水放入鸡蛋，开火。沸腾后计算时间，煮到需要的成熟度，然后浸到冰水中急速冷却。

表6.1　沸腾时间与鸡蛋的成熟度对比

名　称	图　片	沸腾时间	凝结状态	使用范围
温泉蛋		沸腾后3 min	蛋黄温热未凝固，蛋清非常柔软	一般搭配烤面包条食用
半熟蛋		沸腾后6 min	蛋黄半熟，蛋清完全凝固	常用于西餐冷菜中，配上奶油酱汁类食用
全熟蛋		沸腾后12 min	蛋清和蛋黄都完全凝固	西式早餐、沙拉

实例❷　煎蛋卷（Omelette）

[菜肴知识导入/Describe]

煎蛋卷又称为炒鸡蛋，各国称呼都不一样，例如，法国人称Omelette，西班牙人称Tortilla，意大利人称Frittata，香港人称奄列蛋。

[制作原料/Ingredient]

主料：鸡蛋3个、洋葱少许、腌肉少许、青红椒少许、蘑菇少许、色拉油20 g。

辅料：番茄少司15 g或辣椒仔。

调料：盐、胡椒粉适量。

[工具/Tool]

菜板（墩）、厨师刀、不锈钢托盘、餐勺、料理碗、酱汁碟（盅）、厨房用毛巾、餐盘、保鲜膜、夹子。

[制作步骤/Method]

①准备好所有原料。

②碗中打入鸡蛋，搅打鸡蛋液，备用。

③锅中加入适量色拉油。

④依次放入腌肉、洋葱、青红椒、蘑菇炒香。

⑤加入鸡蛋液迅速炒散，在鸡蛋液开始凝固时沿着锅边将鸡蛋液卷起来。

⑥制作完成的鸡蛋卷配上番茄少司或辣椒仔。

[成品要求/Demand]

色泽金黄，安全卫生。形状似月牙或橄榄，软嫩适中。

实例❸　黄油烤薄饼（Pancake）

[菜肴知识导入/Describe]

黄油烤薄饼又称为烙饼，是由牛奶、鸡蛋液、淀粉混合后的面糊制成的。烤薄饼在烤盘中或者煎饼炉上制成。

[制作原料/Ingredient]

主料：面粉150 g、鸡蛋4个、牛奶250 g。

辅料：酵母7 g、清黄油30 g、枫叶糖浆适量。

调料：糖15 g、盐1.5 g。

[制作步骤/Method]

①将面粉、糖、盐、酵母搅拌在一起。

②碗中打入鸡蛋，将鸡蛋液、牛奶、清黄油、少许糖混合。

③将液体原料加入干原料中，混合至干原料恰好完全变湿成面糊。

④将预热的不粘锅预涂油，倒入60 mL面糊，整齐扩散。

⑤小火煎至面糊表面充满气泡，底部变成金黄色，翻转煎其另一面至变色。

⑥从烤盘上拿下，配枫叶糖浆小碟，装盘。

[成品要求/Demand]

色泽金黄，口感绵软。

[菜肴变化/Extension]

可调整比例（牛奶180 g、黄油60 g、鸡蛋6个），其他原料不变，在华夫机上制作华夫饼。

项目 7

西式快餐制作

>>>

任务1　西式快餐的特点

　　西式快餐（Western Fast-Food；Fast Food）指可以迅速准备和供应的食物的总称，通常可以徒手拿取，不需要使用餐具，大部分可以外带或外卖。该词语最早出现在西方国家，于20世纪80年代引入中国，也被中国人称为"洋快餐"。

　　西式快餐烹饪更简单。相比于烦琐的中国美食，西式美食的烹饪方式要简单得多，且烹饪工具更加齐全和现代化，一般的厨师只需按照具体的烹饪流程进行科学的操作，就能制作出简单的西式快餐，所以西式快餐更易上手操作。

　　西式快餐的经营模式更简单。西式快餐采取半自助的方式进行运营，且其产生的食品垃圾相对较少，也不存在碗筷的洗涤等问题，这就大大节省了服务人员的需求，从而更好地简化了具体的经营模式，大大减少了门店具体的工作。

　　高质量的西式快餐的食材可控因素更多。相比于中国美食，西式快餐的存放时间更久，存放方式更简单，从而可以减少食材浪费，有助于西式快餐经营者更好地把控食材成本，提高食材的利用率。

任务2　西式快餐制作

实例❶　美式炸鸡腿（American Fried Chicken Leg）

[菜肴知识导入/Describe]

　　美国菜是在英国菜的基础上发展起来的，继承了英国菜简单、清淡的特点。美式炸鸡腿是一道美国的传统快餐，选用了上好的鸡腿，成菜后肉质细嫩多汁，表皮金黄香脆。

[特别提示/Tip]

清洗所有原料以及餐具—初加工及酱汁制作—装盘成菜。

[制作原料/Ingredient]

主料：鸡腿1个。

辅料：面粉100 g、淀粉100 g、啤酒100 g、大蒜粉少许、洋葱粉少许、泡打粉少许、盐适

量、胡椒粉适量、鸡蛋1个。

少司：马乃司100 g、提子干25 g、核桃仁25 g、番茄少司适量。

装饰：花叶生菜。

[工具/Tool]

菜板（墩）、厨师刀、少司锅、蛋抽、料理碗、陶瓷碗、不锈钢托盘、餐勺、餐盘、酱汁碟（盅）。

[制作步骤/Method]

①准备好所需原料，将各种原料清洗干净。

②啤酒糊：面粉与淀粉按照1∶1的比例混合，加入啤酒搅拌均匀，用盐和胡椒粉调味。

③在鸡腿表面撒盐、大蒜粉、洋葱粉、泡打粉和胡椒粉，腌制10 min。

④将腌制好的鸡腿充分裹上调制好的啤酒糊。

⑤将裹上啤酒糊的鸡腿炸至金黄色。

⑥将清洗好的提子干和核桃仁切碎。

⑦将马乃司、提子干碎、核桃碎混合均匀成酱汁。

⑧将制作好的酱汁放入小碟内备用。

⑨用花叶生菜装饰炸好的鸡腿，装盘成菜。

[成品要求/Demand]

色金黄，鸡腿形态饱满，造型自然美观；酱汁甜酸，口感香脆。菜品安全卫生。

[相关知识/Knowledge]

①美式炸鸡腿一般适用于快餐餐厅。
②酱汁可根据地域不同而变化。

[菜肴变化/Extension]

制作美式炸鸡腿时可将鸡腿替换成龙利鱼。

实例❷　公司三明治（Club Sandwich）

[菜肴知识导入/Describe]

　　公司三明治也称会所三文治（Clubhouse Sandwich），由煎蛋、火腿、蔬菜、培根和番茄等各式食材制作而成。有时会被制成双层，切成四等份，用牙签穿好，是欧美国家人们喜爱的一道比较方便快捷的食品，营养均衡，热量充足。

　　通过制作本菜肴，学习三明治的制作方法，熟悉公司三明治的原料和工艺流程，掌握公司三明治的制作方法。

[特别提示/Tip]

　　清洗所有原料及餐具—将原料初加工，同时准备酱汁制作—装盘成菜。

[制作原料/Ingredient]

主料：吐司3片。

辅料：鸡蛋1个、培根2片、三明治火腿2片、金枪鱼20 g、番茄1个、黄瓜半个、酸黄瓜2个、白洋葱1个、土豆1个。

少司：马乃司100 g、番茄少司200 g。

调料：盐、胡椒粉适量。

装饰：生菜适量。

[工具/Tool]

菜板（墩）、厨师刀、少司锅、蛋抽、料理碗、陶瓷碗、不锈钢托盘、餐勺、餐盘、酱汁碟（盅）。

[制作步骤/Method]

①准备好所需原料，将各种原料清洗干净；酸黄瓜、金枪鱼、白洋葱切碎。番茄、黄瓜切片，鸡蛋、培根、三明治火腿烹熟。

②在马乃司、番茄少司中加入酸黄瓜碎、金枪鱼碎、白洋葱碎，混合均匀，用盐和胡椒粉调味制成酱汁。

③将制作好的酱汁均匀抹在烤至表面金黄的吐司上。

④将生菜及番茄片、黄瓜片、三明治火腿、培根、鸡蛋整齐地按顺序摆放在涂抹好酱汁的吐司片上。修边后对角扎上竹签，将对角切成三角形。

⑤土豆去皮，切成截面1 cm见方的长条，放入开水中煮至七成熟，过凉水沥干，放入180 ℃的油锅中炸至金黄色。

⑥用炸薯条、番茄少司及生菜装盘成菜。

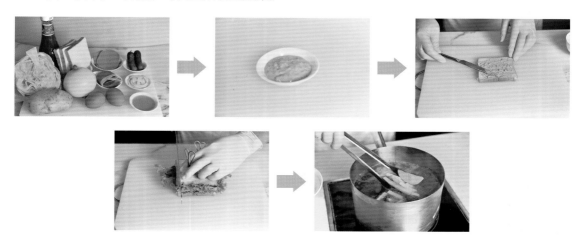

[成品要求/Demand]

色彩丰富，造型具有立体感，清爽不腻。菜品安全卫生。

[相关知识/Knowledge]

①公司三明治一般适用于快餐餐厅。

②酱汁可根据地域不同而变化。

[菜肴变化/Extension]

制作公司三明治时可将金枪鱼替换成意大利香肠或牛排。

实例❸ 金枪鱼三明治（Tuna Sandwich）

[菜肴知识导入/Describe]

金枪鱼三明治由油浸金枪鱼、鸡蛋、白洋葱等各式食材制作而成。有时会被制成双层，切成四等份，用牙签穿好，是欧美国家人们喜爱的一道比较方便快捷的食品，营养均衡，热量充足。

通过制作本菜肴，学习金枪鱼的制作方法，熟悉金枪鱼三明治的原料和工艺流程，掌握金枪鱼三明治的制作方法。

[特别提示/Tip]

清洗所有原料及餐具—将原料初加工，同时准备酱汁制作—装盘成菜。

[制作原料/Ingredient]

主料：吐司3片。

辅料：鸡蛋1个、培根2片、油浸金枪鱼20 g、酸黄瓜2个、洋葱1个、土豆1个。

少司：马乃司100 g、番茄少司200 g。

调料：盐、胡椒粉适量。

装饰：生菜适量。

[工具/Tool]

菜板（墩）、厨师刀、少司锅、蛋抽、料理碗、陶瓷碗、不锈钢托盘、餐勺、餐盘、酱汁碟（盅）。

[制作步骤/Method]

①准备好所需原料，将各种原料清洗干净；鸡蛋、培根烹熟。

②将洋葱、酸黄瓜、油浸金枪鱼切碎加入马乃司中搅拌均匀，用盐和胡椒粉调味，制成酱汁。

③将制作好的酱汁均匀抹在烤至表面金黄的吐司上。

④将生菜及鸡蛋、培根整齐地按顺序摆放在涂抹好酱汁的吐司片上。修边后对角扎上竹签，将对角切成三角形。

⑤土豆去皮，切成截面1 cm见方的长条，放入开水中煮至七成熟，过凉水沥干，放入180 ℃的油锅中炸至金黄色。

⑥用炸薯条、番茄少司及生菜装盘成菜。

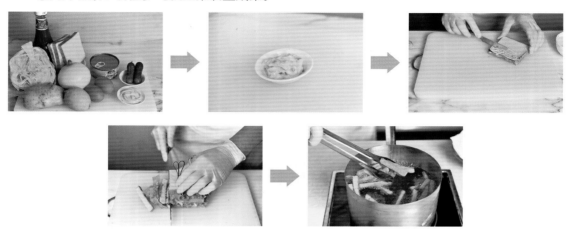

[成品要求/Demand]

色彩丰富，造型具有立体感，清爽不腻。菜品安全卫生。

[相关知识/Knowledge]

注意酱汁的口味变化。

[菜肴变化/Extension]

制作金枪鱼三明治时可将金枪鱼替换成意大利香肠、牛排。

实例❹ 牛肉汉堡（Beef Hamburger）

[菜肴知识导入/Describe]

　　Hamburger这个名字起源于德国西北部城市汉堡（Hamburg），今日的汉堡是德国最为繁忙的港口。19世纪中叶，居住在那里的人们喜欢把牛排捣碎成一定形状后食用，当时这种吃法可能被大量德国移民传到了美洲，现在已经成为畅销世界的主食之一。

　　通过本菜肴的制作，学习汉堡的制作方法，熟悉牛肉汉堡的原料和工艺流程，掌握牛肉汉堡的制作方法。

[特别提示/Tip]

清洗所有原料及餐具—将原料初加工，同时准备酱汁制作—装盘成菜。

[制作原料/Ingredient]

主料：汉堡面包1个，牛肉200 g。

辅料：猪肉100 g、吐司1片、牛奶100 g、洋葱1个、酸黄瓜1个、黄油100 g、番茄1个、土豆1个、黄瓜半个、芝士片1片、鸡蛋1个、色拉油适量。

少司：番茄少司200 g。

调料：盐、胡椒粉。

装饰：生菜适量。

[工具/Tool]

菜板（墩）、厨师刀、少司锅、蛋抽、料理碗、陶瓷碗、不锈钢托盘、餐勺、餐盘、酱汁碟（盅）。

[制作步骤/Method]

①准备好所需原料，将各种原料清洗干净；牛肉、猪肉切末。

②将洋葱、酸黄瓜、番茄、黄瓜切片，牛肉末、猪肉末与浸泡好的吐司片、鸡蛋、盐和胡椒粉混合均匀。

③取出一部分肉末，整理成汉堡大小的牛肉饼。

④平底锅加热后加色拉油，把整理好的牛肉饼煎至上色备用。

⑤汉堡面包用锯齿刀切半，在表面涂上黄油并烤成金黄色。

⑥将生菜、芝士片及切配好的番茄片、酸黄瓜片、黄瓜片、煎上色的洋葱片，整齐地按顺序摆放在烤好的汉堡面包片上。

⑦土豆去皮，切成截面1 cm见方的长条，放入开水中煮至七成熟，过凉水后沥干，放入180 ℃的油锅中炸至金黄色。

⑧用炸薯条、番茄少司及生菜、番茄片、黄瓜片装盘成菜。

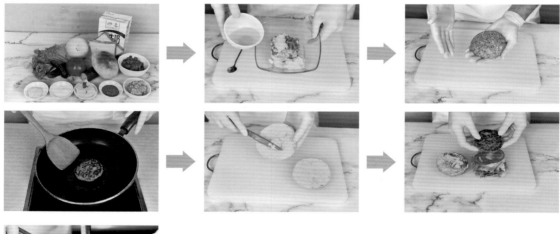

[成品要求/Demand]

色彩丰富，成菜美观，香咸适口。菜品安全卫生。

[相关知识/Knowledge]

①煎制的牛肉饼大小均匀。

②原料摆放时注意色泽搭配，应具有立体感。

[菜肴变化/Extension]

制作牛肉汉堡时可将牛肉替换成鸡腿、鱼柳、猪柳。

实例❺ 热狗包（Hot Dog Bread）

[菜肴知识导入/Describe]

热狗包由热狗肠、生菜、番茄等各式食材制作而成。有时会被制成双层，用裱花袋在表面挤上酱汁，是欧美国家人们喜爱的一道比较方便快捷的食品，营养均衡，热量充足。

通过本菜肴的制作，学习热狗包的制作方法，熟悉热狗包的原料和工艺流程，掌握热狗包的制作方法。

[特别提示/Tip]

清洗所有原料及餐具—将原料初加工，同时准备酱汁制作—装盘成菜。

[制作原料/Ingredient]

主料：热狗面包1个，热狗肠1根。
辅料：番茄1个、土豆1个、黄瓜半个、色拉油适量。
少司：马乃司100 g、番茄少司200 g。
装饰：生菜适量。

[工具/Tool]

菜板（墩）、厨师刀、少司锅、蛋抽、料理碗、陶瓷碗、不锈钢托盘、餐勺、餐盘、酱汁碟（盅）。

[制作步骤/Method]

①准备好所需原料，将各种原料清洗干净。

②将番茄、黄瓜切片，平底锅加热后倒入少许色拉油，将热狗肠煎至上色。

③土豆去皮，切成截面1 cm见方的长条，放入开水中煮至七成熟，过凉水后沥干，放入180 ℃的油温中炸至金黄色。

④将切配好的番茄片、黄瓜片以及生菜、热狗肠摆放在热狗面包内。

⑤将马乃司装入裱花袋内，挤在表面作装饰。

⑥用炸薯条、番茄少司及生菜、番茄片、黄瓜片装盘成菜。

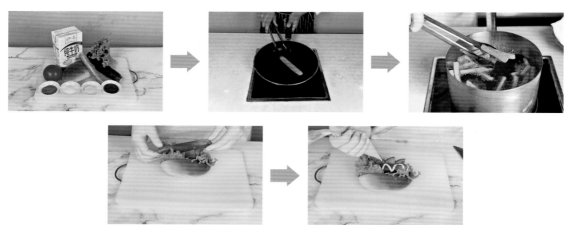

[成品要求/Demand]

色彩丰富，成菜美观，香咸适口。菜品安全卫生。

[相关知识/Knowledge]

①挤酱汁时要用力均匀。
②原料摆放时注意色泽搭配，应具有立体感。

[菜肴变化/Extension]

制作热狗包时可将热狗肠替换成牛排、炸鱼柳。

实例❻　经典番茄芝士比萨（Classic Tomato Cheese Pizza）

[菜肴知识导入/Describe]

　　比萨是一种由特殊的饼底、芝士、酱汁和馅料做成的具有意大利风味的食品。如今这种食品已经超越语言与文化的壁障，成为全球通行的美食。

　　通过制作本菜肴，学习比萨的制作方法，熟悉经典番茄芝士比萨的原料和工艺流程，掌握经典番茄芝士比萨的制作方法。

[特别提示/Tip]

清洗所有原料及餐具—将原料初加工，同时准备酱汁制作—装盘成菜。

[制作原料/Ingredient]

主料：面粉500 g。

辅料：番茄1个、番茄膏100 g、芝士200 g、洋葱50 g、大蒜50 g、比萨香草5 g、糖30 g、圣女果6个，橄榄油、色拉油，酵母适量。

调料：盐、胡椒粉适量。

装饰：鲜罗勒叶适量。

[工具/Tool]

菜板（墩）、厨师刀、少司锅、蛋抽、料理碗、擀面棍、不锈钢托盘、餐勺、餐盘、酱汁碟（盅）。

[制作步骤/Method]

①准备好所需原料，将各种原料清洗干净。

②将面粉与酵母、糖混合均匀后加入适量水和少许橄榄油和成面团。

③将和好的面团静置10 min左右。

④用擀面杖擀成直径约20 cm的圆，扎上孔。

⑤番茄切碎，准备好制作番茄汁的调味料。

⑥将洋葱、大蒜切碎，平底锅内加少许色拉油炒香。

⑦在炒香的洋葱和大蒜碎中加入番茄碎番茄膏炒出味，依次加入糖、盐、胡椒粉、比萨香草、鲜罗勒叶，炒5 min左右离火备用。

⑧将炒好的番茄汁均匀地涂抹在擀好的面饼表面，撒上切好的芝士条。

⑨放入烤箱230 ℃烤20 min左右，烤至金黄取出，用鲜罗勒叶、切好的圣女果片装饰即可。

[成品要求/Demand]

芝士味香浓，饼皮脆馅软滑，口味咸鲜适口。菜品安全卫生。

[相关知识/Knowledge]

①所有原料切制后要求长短大小均匀。

②原料摆放时应注意铺均匀。

[菜肴变化/Extension]

制作经典番茄芝士比萨时可将番茄换成香肠、海鲜、水果等。

References 参考文献

[1] 韦恩·吉伦斯.专业烹饪[M].大连：大连理工出版社，2005.

[2] 倪华，李杰.西餐烹调技术与工艺[M].北京：中国商业出版社，2006.

[3] 王芳.西餐基础厨房[M].北京：中国轻工业出版社，2018.

[4] 赖声强.西式烹调师[M].北京：中国劳动社会保障出版社，2014.

[5] 王跃辉.西餐冷菜厨房[M].北京：中国人民大学出版社，2012.